岩　波　現　代　文　庫

菌世界紀行

誰も知らないきのこを追って

星野　保
Tamotsu Hoshino

社会 322

岩波書店

プロローグ　真夜中の怒号で始まるきのこ狩り

「Я○▼ћ@♨?!」叫び声が薄暗い車内に響き、驚いた私は夜中に目を覚ました。たぶん、(°Д°)こんな顔だ。モスクワ行きの列車は、真夜中にどこかの駅で止まったらしい。そこここで怒りを含んだ大声がする。隣で寝ていたロシア人の相棒も起きたのだろう、「ホームにいるのは地元の人で、給料代わりに支給されたシャンデリアを売りにきてるんだろう」、そして「乗客がそれを安く買いたたいてるんだ」と小声で説明してくれた。見れば、ホームにいる人と車内の人とが、ドア越しにシャンデリアを引っ張り合って、ものすごい剣幕で叫んでいる。写真を撮るかと聞かれたが、しり込みした。自ら望んだとはいえ、こりゃ、すごいところに来てしまった。きのこどころじゃないなと思ったのが、1999年のことだ。

私は、世界各地の積雪地を巡ることを夢見て、雪の下に生きる菌類――つまり、カビやきのこ、酵母などの仲間――の生き方を研究している菌類学者だ。

こう書くと、私を知る人々からの失笑と耳の痛いご意見・ご指導の嵐が容易に想像できる(どうか、私に面と向かって言い放ったり、重要度：低とかのフラグをつけてメールしたりしないでいただきたい)。たしかに一般的には、自分から学者などと名乗る人は明らかに胡散臭い。しかし、私は大丈夫だ。私は、ただ真面目に科学論文を書いて生きている、普通の研究者である。

科学論文では、さまざまな出来事を合理的に理解するために、第三者的立場から客観的に記述する。だから、自分の経験を大っぴらに、主観的に書くことができない。せいぜい、細かい表現にしのばせるくらいだ。

たとえば、私が過去に投稿した論文では、ある調査地について、採集された標本の数が少ないので除くようにと、論文の審査員(匿名)から指示されたことがある。論文の結論に変わりはないのだが、私はこの調査地を原稿から除くことを渋った。審査結果を読みながら「マジ誰だよ！　俺の苦労も知らないで……」と毒づきたいくらいだった。というのもその場所で採った標本は、第2章以降で紹介するように、私の少しの血と大量の汗と涙と胃液と胆汁などさまざまな体液が入り混じった苦労の結晶なのだ。とはいえ、そんなことを論文に記せるはずもなく、したがって審査員も「俺の苦労」など知ろうはずもない。

そこで本書では、雪腐病菌《ゆきぐされびょうきん》という非常にマイナーな（ほとんど誰も知らない）菌類の性質と、それを探す海外調査を、できる限り主観的に記述してみようと思う。ページを追ううちに、イマジネーション豊かな読者ならば、筆者の追体験ができるかもしれない。第1章には、私が愛してやまない、雪とともに生きる菌たちとの運命的な出会いを、そして第2章以降には、私の主観をふんだんに盛り込んだ調査の記録と、菌たちの驚くべき性質をお示しししよう。

それでは……ようこそ、雪と氷、菌と人が織りなす世界へ！

目　次

イラスト＝星野　保
カバーイラスト彩色＝星野笑子

1

雪の下の小さな魔物

雪腐病菌とはなにか

日本(2000年)　こんな風景に出会ったら，必ず雪腐病菌はいるはずだ

雪の下でみんな寝ているわけじゃない

北国に住んでいなくとも、雪を見たことはあるだろう。いんや、うちは南国育ちでいっぺんもなかですよと思っている方も、テレビで見たことくらいはあるだろう。そんな雪の下に、生き物がいる。これも、イメージできるだろう。

ただ、「雪のふとん」などという表現もある。冬眠するヒグマや越冬するフクジュソウのように、あらゆる生き物は寒さが苦手で、冬の間は眠っていると思っていないだろうか？

でも実は、皆が眠っているわけではない。他の誰も動き回らない場所や時期があれば、そこに入って独り占めしようというヤツがでてくるものだ。夜中、家族が寝静まった後に、こっそり頂き物のソウメンをゆでて食べる感じだろうか。

本書で紹介する「雪腐病菌」も、そんな生き物だ。雪の下で踏ん張っている植物たちに感染して、じわじわと植物に病気、その名も「雪腐病」をもたらす。それが雪腐病菌だ。

ただこの菌たち、雪の下にいてただでさえ目立たないのに、地味な菌類の中でも小ぶりな部類（大きなものでも２㎝以下）なので、世の中にはほとんど知られていない。れっきとしたきのこもいるのに、私が研究を始めた頃は、載っているきのこ図鑑は数えるほどしかなかった。珍しいかって？　ええ珍しいですよ。なにせ、１５０年くらい前には誰も知らず、植物は雪の下で、寒さで枯れると思われていたのだから。

雪腐病菌、そして師匠との出会い

と、偉そうに書いてきたが、私は生まれてこのかた、ずっと雪腐病菌の研究をしてきたわけではもちろんない。勢いで母のおなかの中にいた頃から研究を始めたと書きたいところだが、そう書くとこれ以降の真実味がなくなってしまう。私は子供の頃から生き物が好きで、漠然と生物学者になりたいと思ってはいた。ただ、志のある人は、幼少時より自ら勉強し、博物館の子供向けの講座などに通い、地域のきのこの会などでさらに研鑽を積むのだと思うが、私はものぐさな上、物心がつくのが遅く、食事と寝起きを繰り返しているうちに高校生になってしまった。ほとんど勉強もしないため、進学は難しいといわれていたが、それでも（何かの間違いだったかもしれないと思うこともあるが、もう時効だ）補欠で下関の水産大学校に進学した。

講義は水があったのだろう。一部の例外（物理と数学と英語。これらは今も、先祖の呪いのように私を苦しめている。どんな壺を買ったらよいのだろうか？　私が骨壺に入るまで駄目なのだろうか？）を除いて、面白かった。学年が上がり、実験・実習を通じて、研究が好きになっていった。まず面白い。そして楽だ（とその時は思っていた）。ちなみに、その時の興味は菌ではない。筋肉（カマボコ）の生化学であった。しかし、練り製品製造学講座といういかにもカマボコの研究を行いそうな研究室に入ったつもりだったのに、君のテーマはかつお節だと宣言されてしまった。思えば、これが菌との最初の出会いであった。その後、大学院は北海道大学（北大）の水産学部に進学し、カビの研究を続行した。

つまり私は、20代の後半まで、雪腐病菌たちとはずっと無縁に生きてきたのだった。何とか学位を取り、あるプロジェクトのポスドクとして研究者としての修行を積んでいたころ、私はカビや植物のタンパク質の働きを研究していた（結婚した時、仲人の先輩から「新進気鋭の生化学者」と紹介され、それを聞いた私の親族席がざわついていたのが今でも癪に障る）。その後、北海道工業技術研究所（現、産業技術総合研究所北海道センター）

への就職がきまった。

そしてこのプロジェクトの終了後、就職までの半年間にアルバイトをした北海道農業試験場(現、農業・食品産業総合研究機構北海道農業研究センター。以下「北農研」と略)で、私は雪腐病菌と運命的な出会いをするのだ！

当時の北農研には食堂があって、若手はたいていそこで昼食をとっていた。毎日顔を合わせると、徐々に互いの話をするようになる。そこで私は、次の就職先で生物と低温に関する産業利用をテーマとすること、テーマは私が自由に設定してよいこと、これまでにカビの酵素などを研究してきたので、低温を好む微生物を対象とすることなどを、よどみなく、かつ要領よく説明したと記憶している。なお複数の関係者は、私の説明は食事に過度に集中している(頬袋がパンパンの状態)ため聞き取りづらく、(味覚機能に脳の働きの多くをとられて)とりとめがなかったと証言している。たぶん、年月を重ね、相手に記憶の欠落があるのだろう。責めないであげてほしい。

そして私はここで、後日兄弟子となる低温病理研究室の井智《いづつ》史さんから、彼の研究対象である雪腐病菌を、私の研究に使ったらよいとの助言をいただいたのだ。そう、20年後の私があるのも、この井さんとの巡り合いがあったからにほかならない！　私は、枕は北に向けても、井さんに足を向けて寝ることがないよう努力している。

「ゆきぐされ……びょうきん？」なんだそりゃと思う私をしり目に、彼はこれらの菌類の特徴をうっとりしながら語りだした。ほうほう、雪の下で繁殖するんですか。そして植物に感染する。とすればセルロースとか分解しますね。分解には酵素が必要だから、それらの酵素は氷点下でも働くんでしょうね。いやそれマジで面白いですね、と私も話に引き込まれていった。首尾よく1994年4月、私は就職し、北農研から雪腐病菌を分与していただいて研究を開始したのだった。

以上が雪腐病菌と出会うまでの経緯だが、最後に、私が一方的に師とあおぐ松本直幸さんとの出会いにも触れておきたい。

松本さんは長年、雪腐病菌を研究し、多くの論文を出版されていて、当時からこの分野を代表する研究者だった。そもそも、私が分与していただいた菌株の多くは松本さんが採集されたものだ。そんな松本さんが講演されるから行かないかと、就職して半年ほど後、井さんが誘ってくださったのだった。

そして講演後、井さんの紹介で、松本さんにお目にかかる機会を得た。そこで松本さんは、私のようなどこのヒトの骨かわからない者の初歩的な質問にも親切に答えてくださり、私はすっかり感激してしまった。自分の集めた菌株や知識を惜しげもなく「どうぞ」と提供するところが、松本さんのすごいところだ。

松本さんは話の中で、雪腐病菌の研究は、そのほとんどが植物病理学(植物の病気の研究)の分野でおこなわれており、菌の性質など生化学の分野ではあまり研究されていないので是非進めて欲しいとおっしゃった。こう励まされると私は激しく発奮して、がぜんやる気が出てきたのだった。

素顔の雪腐病菌たち

さて、満を持して、私の研究の対象である雪腐病菌を紹介しよう。何度か触れているように、雪腐病菌は、雪の下の植物に「雪腐病」という病気をおこす菌だ。

雪腐病菌は菌類で、細菌類ではありません。といったら、皆さんすぐにピンときますかね(OK!なら※まで進む)。難しいですかね。ならば簡単な解説を。

菌類は酵母・カビ・きのこの仲間、細菌類は大腸菌・乳酸菌・納豆菌の仲間だ。どちらも、私の家族のような心ない人たちには「バイキン」と一括されているが、大違いだ。いつも心の中で一喝している。菌類は、動植物と同じ真核生物なのだ。にわかには信じられないと思うが、私たち動物と進化系統がいちばん近いグループは、植物でも原生動物でもなく、菌類なのである。

動物や植物、菌類といった真核生物の細胞は、遺伝情報を含むＤＮＡが膜につつまれている(核)。一方、細菌類は、細胞内でＤＮＡがむき出しになっており、原核生物ともよばれる。

これらがどのくらい違うかというと、真核生物の大きな分類では、菌類は菌界、動物は動物界、植物は植物界に属し、「世界」が違う感じだ(昔、好きな子に告白したら、「星野君とは世界が違うから」と断られたことがある。界どころか種レベルで同じなのに……)。しかし菌類と細菌類は、世界どころか宇宙が違う感じなのだ。

話は複雑になるが、伝統的に菌類は、今は菌界に含まれない生物も含んでいる。これは昔の名残で、たとえばカビのようでカビでないもの(卵菌《らんきん》類・サカゲツボカビ類・ラビリンチュラ類など)や、きのこみたいできのこでないヤツ(各種粘菌類など)も、ひっくるめて「菌類」とよばれているのだ。「雪腐病菌」もまた、雪の下で越冬する植物に病気をおこす菌類の総称であり、菌界に属するものもそうでないものも含まれるというのが、ちょっとややこしいところだ。

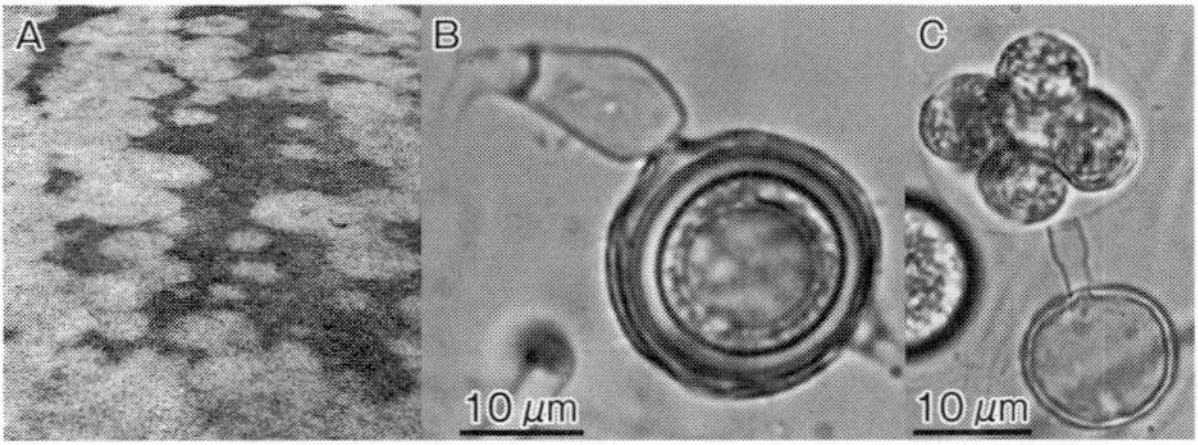

図1 菌のようで菌じゃない！ 褐色雪腐病菌(*Pythium iwayamai*)。A：雪解け後の様子。見た目は芝生が枯れているだけだ。ただし菌糸の成長に伴って植物が枯れるので，病気は円形になる。これを見てミステリーサークルと大騒ぎされた例を，私は知らない。B：枯れたシバを顕微鏡で見ると，目玉みたいのがうようよしていた。これがピシウムの卵胞子。見られているわけではないので見つめ返す必要はない。C：出待ち中の遊走子。この後，鞭毛大回転で泳ぎまくる。A：執行拓宇氏，B・C：東條元昭氏提供

※それではここで、代表的な雪腐病菌たちを紹介しよう。

まずは、菌のようで菌でない、ぱっちりとした眼に似た胞子と、白銀にすらりと伸びるなめらかな菌糸が魅力のピシウム(図1)。冬小麦や牧草が褐色に枯れる「褐色雪腐病」をおこす。ピシウム・イワヤマイ(これはいわゆる「学名」。ピシウムはいわばグループ名で、その後ろの「イワヤマイ」とセットで1つの種をあらわす。以下「ピシウム」と略)などが知られる。なお、ピシウムを含む卵菌類は、正確には菌類ではなく、ストラメノパイルというグループに属する。このグループは、鞭毛に枝毛が

あるというだけで、藻類からカビみたいのや、原生動物までぎゅうぎゅうに詰め込められている(だから後日、小分けにされるかもしれない)。

ピシウムは、雪解けから夏をへて次の根雪までを「卵胞子」というタネの状態で過ごし、根雪になると発芽し、活動を開始する。発芽してすぐに菌糸になるものもいれば、ころんとした遊走子嚢《ゆうそうしのう》をつくるものもいる。前者はそのまま植物に感染できるのに対し、後者はやがて2本の鞭毛をもった遊走子をたくさん放ち、この遊走子が泳ぎ回って、運よく宿主となる植物にたどり着くとやっと菌糸となり、植物に感染する。

ピシウムのすごいのは、成長が速いところだ。冷蔵庫で培養しても、日に日に、目に見えてわかるほどよく成長する。これは、他の菌類の菌糸は細胞がつながって出来上がっているのに対して、ピシウムの菌糸は筒状で、細胞を1つずつつなげていくよりも伸ばすのが簡単だからなのだろう。

なお実は、雪の下に住んでいるのに、ピシウムの菌糸が最もよく成長する温度は20℃くらいだ。同様に他の多くの雪腐病菌も、実は室温(20℃)でも成長できる。ただ他の菌たちと違い、雪腐病菌は寒さに耐える力も持っている、ということだ。

次は、いま世に知られている菌類の中で最も寒さに強い、いわば最強の雪腐病菌、

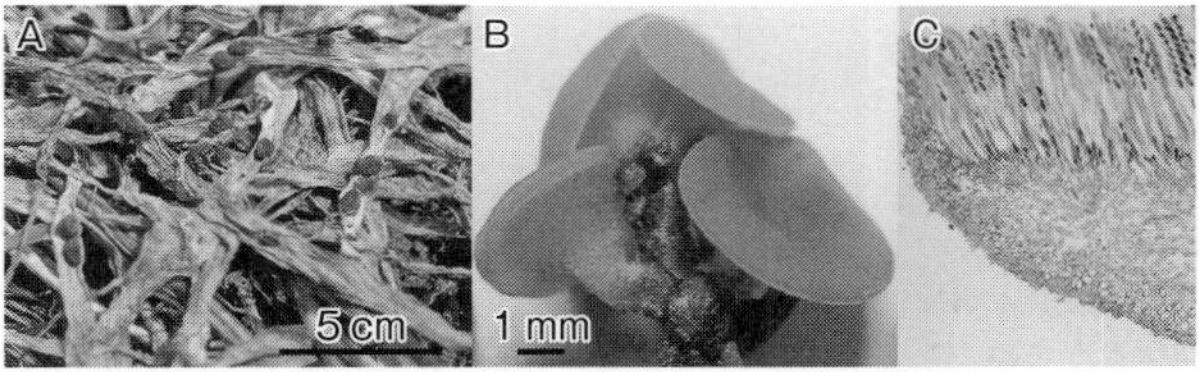

図2　こおりタイプ最強の雪腐病菌，雪腐大粒菌核病菌（*Sclerotinia borealis*）。A：ネズミの糞といわれてしまう菌核。確かに似ている。B：子実体。C：子実体の断面。胞子は子囊に包まれていて，水滴や刺激によって胞子が飛び出す。いずれも斉藤泉氏提供

スクレロチニア・ボレアリス（図2。以下「ボレアリス」と略）だ。ボレアリスの菌核（植物でいうと球根のような耐久器官。菌糸がギュッと詰まっている）は、雪腐病をおこす菌の中では大きいほうで、8㎜×4㎜程度、つまりネズミの糞ほどもある。この菌は、小麦などに病気をおこすことが知られている。

ボレアリスは菌類最大のグループ、子囊《しのう》菌類に属している。菌類の8割ぐらいが子囊菌で、野外で見つかる菌類の大多数は小さな子囊菌だ。「子囊」は、胞子（植物のタネのようなもの）を包むふくろのこと。子囊菌は、有性生殖の際に子囊を形成する、あるいは形成するであろうヤツらを系統的に一まとめにしたグループといえる。

ボレアリスは、菌核で夏を越し、晩秋に菌核が発芽して、直径1㎝にも満たない渋いえんじ色の盃型

の子実体(きのこ。ここで胞子がつくられる)をつくる。その後、雪が降り積もって根雪となる前に、胞子が風に乗って広がる。そして早霜が降りて凍傷のようになった植物に、その傷から感染するのだ(凍傷のうえ感染症なのだから、植物からしたらさんざんだ)。このためボレアリスは、根雪になる前に土が凍るくらい寒くなる地域に生息する。国内では、北海道と岩手の北上山地からしか見つかっていない。北上にお住まいの方には、早池峰薄雪草《はやちねうすゆきそう》と同じように自慢してもらいたいものだ。

そしてこの項目のトリを飾るのは、私の大好きなガマノホタケ属の菌たちだ(図3)。イシカリガマノホタケ(チフラ・イシカリエンシス。以下「イシカリエンシス」と略)は黒からこげ茶色、フユガレガマノホタケ(チフラ・インカルナータ。同じく「インカルナータ」)は茶色から赤茶色の菌核をもち、いずれも、小麦や牧草に病気をおこす。彼らは、シイタケなど多くのきのこが属する「担子菌《たんし》」の仲間だ。前述のボレアリスと同様、菌核で夏を越す。そして晩秋にはこの菌核から、スレンダーではかなげな棍棒状の子実体が出てくるのだ。イシカリエンシスの子実体は可憐な白色、インカルナータはかわいいモモイロだ! ガマノホタケの名は、この子実体の形がガマの穂と似ていることからきている。

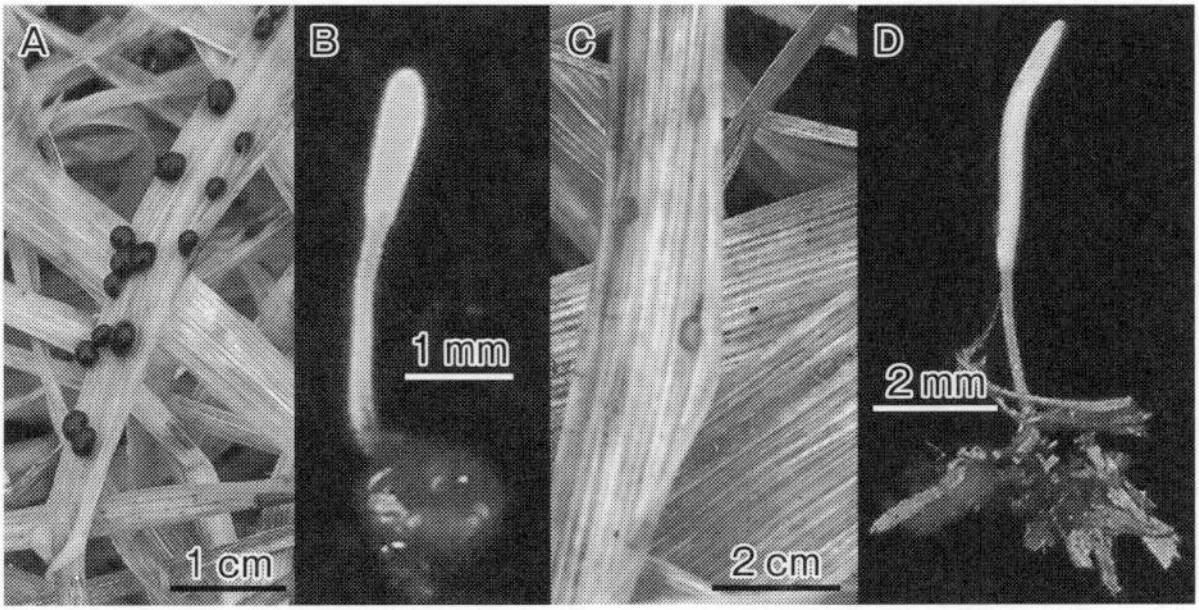

図 3　本編の菌側の主人公イシカリガマノホタケ(*Typhula ishikariensis*)とその仲間フユガレガマノホタケ(*Typhula incarnata*)。A：雪解け水にうるおされ，みずみずしく輝くイシカリエンシス交配型Ⅱの菌核。B：菌核から生じた可憐な子実体(交配型Ⅰ)。C：十分に水分を吸収したインカルナータの菌核。D：小さな松明のようなインカルナータの子実体

子実体の表面には胞子が形成され、胞子は根雪前に風で分散する(これもボレアリスと同様)。ただガマノホタケの場合、胞子が植物上にやってきて発芽した「一次菌糸」の状態では、植物には感染できない。相性のあった2種類の一次菌糸が融合して、病原性の高い「二次菌糸」となってはじめて、植物に感染することができる。野外で観察される菌糸は、ほとんどがこの二次菌糸だ。

こうした菌糸同士の融合は、インカルナータではとても安定している。私が集めたインカルナータでは、北はグリーンランドから南はイランまで、だ

いたいどの組み合わせでも融合できた。一方、イシカリエンシスでは、異なる菌株間で融合がおこらない場合があり、融合できないもの同士は異なる「交配型」と呼ぶ。師匠は、イシカリエンシスが2つの交配型(IとII)に分かれることを明らかにした(ただし後述するように、交配型はさらにもう1つあることがのちに判明する)。IとIIでは見た目も少し違っていて、Iの濡れた菌核はこげ茶色、IIは黒だ。では、これらは別の種に分けられないのかといえば、それはそれで難しい。それぞれの交配型の大半の菌株間では互いに融合しないが、一部にはどちらとも交配するものがいるし、双方の雑種も野外から採集されている。このことが、イシカリエンシスの分類を混乱させているのだ。

インカルナータは雪がなくとも、寒ければ病気をおこすことができる。しかし我らがイシカリエンシスは、病気をおこすのに90日以上の積雪期間を必要とする。まさに、雪腐病菌の中の雪腐病菌だ。

といっても、イシカリエンシスの成長にそれほどの低温が必須なわけではない。単独で培養すると、菌糸の成長に最も適した温度は10℃くらいだ。しかし、彼らが住んでいる場所の土を入れて育てた場合、0℃で最もよく成長する。これは、10℃ではまだ土に含まれる他の微生物たちも活動でき、イシカリエンシスと競争になるが、さらに温度が下がると、他の微生物たちはほとんど活動できず、イシカリエンシスの独り舞台となるからだ。

このことをうけて師匠は、「雪腐病菌は他の微生物との競争を避け、積雪下に逃げ込んだ」という。しかし、それではなんだか菌類の負け組みたいなので、私は「雪腐病菌は積雪下へ生活の場所を移した開拓者だ」と考えている。こっちの方がかっこいいと思いませんか、師匠!

ぷちっと!豆知識1　生き物の種とはなにか

種は、人が生き物を概念的に認識する最小の単位だ(と、私は考えている)。たとえば、「シイタケ」や「イシカリガマノホタケ」といえば、個体差があっても、それぞれある1つのイメージにまとまる。(かなり乱暴だが)このイメージが種だ。

私たちは古くから生き物を名づけてきた。その多くは形態的種で、「形が似たものは同じグループにする」という考え方による。しかし、たとえばきのこなら、傘の色や柄の長さなどには個体差や地域差があり、また発生する時期などが異なる場合もあって、種と種の間の線引きをどこにするかは難しい問題だ。また、昆虫のように小さくとも頭・胸・腹・手・足がある生物は、観察すべき特徴がたくさんあるからいいのだが、細菌のように球形か円筒形か、毛が生えているかいないかくらいの違いしかないものでは、形だけで分けようとするともうお手上げだ。

このため、培養できる菌類ならば、「異なる菌株の間で子孫をのこせるなら同種」とする「生物学的種」が提案された。私はこの方法で、イシカリエンシスの多様性を調べている。しかしこの方法にも問題があって、それは「飼わないと(培養しないと)ダメ」だということだ。世の中には「絶対共生」や「絶対寄生」など、なかなか私生活を私たちに見せてくれない生き物もいる。さらに、名前すらつけられていない生物も数えきれないほどいる。それぞれのライフサイクルを片っ端から調べるのは、もはや無理にちがいない。

そこで、まずは最も形態的特徴が少ない細菌類で、DNA配列を分析し、一致する割合の高いグループを同種とする「系統学的種」が提案され、現在では多くの生物でこれが利用されている。この方法の導入によって、見た目はよく似た生物を、DNA配列の違いによって見分けることができるようになった。ただ、どこまで細かく分けてもよいのかは依然として問題だ。極端な話、DNAの配列が1つ違えば、違うグループだと主張することもできるのだから。

かように、生物の種というものは単純ではない。同種になるといっても、細菌類と菌類では「種」の基準が違うのだ。このため、界が異なる生物の種の概念を比較することはできない。さらに、種にまとまりきらないグループも当然あり、亜種・変種など、種より小さなカテゴリーもある。生物全体の多様さをカバーするような基準を、私たちは未だ見出せていないのだ。

しかめっ面で心は躍る——植物の病気を探すには

さて、そんな雪腐病菌を見つけようと思ったら、どこを探せばいいだろうか。植物の病原菌なのだから、お目当ての病気をおこして枯れている植物をまずは探せばいい。とくに雪腐病菌は小麦畑や芝生の上でよく見つかるため、効率的に採集するには、その中で菌たちが病気をおこしている場所を探せばよいのだ。

しかし問題は、畑や芝生はひと様の持ち物だということだ。ただでさえ病気を心配されている農家の方をしり目に、喜々として赤の他人が勝手に畑に入り込んで、菌を採集するわけにはいかない。初めて松本さんたちの北海道内の調査に同行させてもらった時には、私の気持ちがよっぽど前のめりだったのだろう。いろいろとご助言をいただいた。私が記憶している範囲では、以下の通りだ。

①畑に入ったら作物を踏まない(高校球児のように一礼してから畑に入る必要はない。作物と作物の間を歩く。病気を見つけてわれ先にと、ななめ横断など最短距離で行こうとしない)。

②病気を見つけても大声を出して興奮しない(どんなにうれしくても、移動のための車が出発するまではしゃがない。大量発生などの微妙な語句を使う場合、場をわきまえて、研究者らしく冷静に発言する。「大漁大漁」などと決して言わない)。

③集めるのは病気で枯れた植物なので、遠慮せずに、畑を掃除するつもりでジャンジャンとる。

④農家の方に畑の状況などを伺う時は、ちゃんと聞く(イシカリエンシスを見たからといって、にこにこしない。病害の説明などの折には、状況に合わせ、残念そうな表情をちゃんとする。他によい試料がないかと、話の途中できょろきょろ探さない)。

その後、国内外へ調査に行った折も、ちゃんと師匠の教えを守って行動するようにしている。

菌核を探し、持ち帰る

菌核をつくるガマノホタケやボレアリスの場合、見つけた試料はわりに簡単に、生きたまま持ち帰ることができる(菌核をつくらないピシウムの場合、集めた枯葉をすぐに寒天培地に乗せて、直ちに培養しないといけない)。菌核のサイズはゴマ粒からアサガオのタネくらいで、自然乾燥させるだけで生きたまま保存できるのだ。それゆえ、とくに距離のはなれた調査地では、菌核を狙って探すことになる。そこで、ここではガマノホタケの菌核を例に、その探し方を伝授しよう。

お目当ての枯草を見つけたら、おもむろに両手・両膝を地面について、顔を枯草に近づけながら、目と対象の距離を変えず、両手を支点に顔を動かして、枯草をじっくり観察する(コンタクトレンズを落とした人、あるいは、首を振りながら歩くコモドドラゴンに似ている)。なにせ相手は直径1㎜ほどの大きさなので、一度見失うとなかなか見つからない。見つけると片手に重心を移し、もう片方の手で、菌核のついている枯草を慎重につまみあげる。風に飛ばされないように、風上に背を向けて、ルーペでじっくり観察する。

ガマノホタケの菌核は、じつは虫の糞と間違えやすい。両者の違いは、湿っていれば簡単にわかる。十分に水分を吸った菌核は、表面がすべすべで、とてもプリティー！なのだ。しかし乾燥していると、どちらも表面にしわが寄って、じっくり見ないとわからない(菌核と思って採集した標本が、虫の糞とわかった時の恥ずかしさやるせない想いは、簡単には表現できない)。また、変形菌、特にルリホコリ属の柄の短いやつも、一見すると似ている。指で軽くつまむと、音もなくつぶれて、うへ！となるくらい指が汚れる。これについても書きたいことはまだあるが、変形菌はファンが多く、身の危険を感じるので、やめておく。

＊

調査旅行で菌核を見つけたら、お年玉袋くらいの紙袋に菌核を枯草ごと入れて、宿に持ち帰り、自然に乾燥させれば、その日の処理は終わり。あとは持ち帰るだけでいい。もしかしたら、私の心がけがよいため、調査のたびに夜な夜な小人があらわれて、試料をうちわであおいで乾かしてくれているのかもしれないが、見ていないことは書けない。もし、小人の方がこれを読んでいたら、試料の乾燥とあわせて、靴がぬれているのに乾かしもせず、ビールを飲んで早々に私が寝ていたら、お手数をおかけしますが、新聞紙を丸めて、靴につめていただけませんか。よろしくお願いいたします。

そして旅がはじまる

私は、まずは国内で試料を集めながら、それぞれの種がどんな性質をもっているかを調べていった。しかし、日本の雪腐病菌といっても知れている。広大な地球上には、私の知らない雪腐病菌がいるかもしれない。目は自然と、海外を向いてくる。

前に、イシカリエンシスには交配型Ⅰ・Ⅱという、互いの菌糸が融合しない2つのタイプがあることに触れた。しかし師匠曰く、ノルウェーの北極圏で採集した菌には、このⅠ・Ⅱのほかに、日本のイシカリエンシスの菌糸が最もよく成長する10℃ではいかにも暑苦しそうで、4℃以下で飼ってやらないといけないという(図4)、筋金入りの暑がりというか、寒さ好きのグループがいるらしい。このグループは、これまで日本では見つかっていない。いったい、この世界にはどんな性質のイシカリエンシスたちがいて、どういう地理的分布をしているのだろう？

ここで問題になるのが、ロシアだ。ロシアと書いただけで口の中に苦みが走るのは、

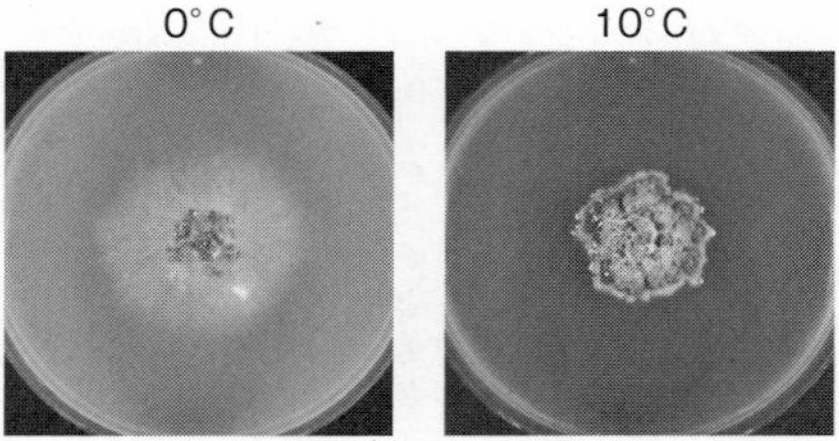

図 4　0°C および 10°C で培養されたノルウェー産イシカリエンシス。10°C では，かさぶた状の異常な形態を示す

コーヒーを飲みながらパソコンに向かっているせいだけではないはずだ。日本とノルウェーの間には、バカでかい広大なロシアが横たわっている。師匠によれば、ロシアにも雪腐病菌の研究者はいるが、これまでに彼らが調査したのはロシアのヨーロッパ側やバルト三国などで、広大なシベリアの情報は不明だという。さらに不思議なことに、旧ソ連ではこれまで、交配型Ⅰしか採れていないらしい。イシカリエンシスの分布はいよいよ謎めいている。その後の師匠との会話は以下の通りだ。

「松本さんは、海外調査にはよく行かれるのですか？」

「いや、滅多にないよ。でも、ノルウェーの菌株を集めたのは僕だよ」

「そうですね。では、ロシアは、どうですか？」

「絶対いやだね。つらそうだし。僕はやわらかいベッドと温泉のない場所に、調査に行く気はないんだ」

「え！　そうなんですか」

「星野さんは見かけも丈夫そうだから、ロシアにイシカリエンシスを探しに行ってみたらどうだい」

「え、えぇー!!　私がロシアにですかぁ」

ともかくも、師匠との話から、イシカリエンシスの分布には謎が多いこと、そしてこれを明らかにするには、北極圏やシベリアの調査が必要であることがわかってきた。そして確かに当時の私は、丈夫で長持ちなのだった(残念なことに2015年現在、さまざまな数値は、これが過去の記録であることを示している)。

そんなわけで私は、北極やシベリアの雪腐病菌を集めようと思ったら、自分でやるしかないなぁと思い始めていた。世の中に売っていないモノ、だれも持っていないものは、自分で探すしかないのだ。考えているうちに、犬ぞりを乗りこなすりりしい私や、冷戦下各国のスパイと丁々発止のやり取りを繰り広げるクールな私(いずれも本書の内容とは関係ありません)の姿を想像して、いやがうえにも気持ちは盛り上がっていった。

まずは手始めに、師匠があの暑がり屋のイシカリエンシスを採集した、ノルウェーからだ。

2

ぶらり北極一人旅

右：グリーンランド(1969年)　右がジャコウウシ。容易には近づけないが，足元には雪腐がいるかもしれない
左：ノルウェー(1944年)　埋まってしまった菌核から，秋にきのこが出るだろう

はじめての海外出張

ある方は、初めてパリに行った時、何人ものフランス人に、フランスのどこに留学した？と聞かれて驚いたと言っていた。彼が受け持った最初の留学生がフランス人で、3年間毎日英語で話していたら、フランスに行かずとも、フランス訛りの英語になったらしい。たぶん私たちは、初めにたくさん英語を使った時の影響を受けている。

そこで私は気づいた。私の英語はノルウェー訛りなのではないか。なにせノルウェーは、私が初めて行った外国であり、10年前までは毎年のように通《かよ》った国だからだ。師匠は、私の英語の「北海道」の発音は「ホッカイドウ」と「イ」にアクセントがあって、ノルウェーの友人たちの話し方に似ているといって笑っていたものだ。ノルウェー語の歌うような、スイングする話し方は、聞いていて気持ちがいい。私の英語がノルウェー訛りなら、望むところだ。

第1章で記したように、ノルウェーのイシカリエンシスは、日本の菌株とはずいぶんと性質が違うらしい。両者を比較してみたいと思っていたら、チャンスはすぐに訪れた。ときは1995年、バブルがはじけた直後だった。新たな産業育成のためという名目で、今では信じられないほど、さまざまな国際交流のプロジェクトがあったのだ（経済のバブルに遅れて、研究のバブルがきたと思う）。その中の1つで、自分が望む海外の研究機関に2ヶ月も派遣してくれるというのがあった。

そこで私は迷わず、師匠がノルウェーで集めた菌株を保存しているノルウェー作物研究所を希望した。初めての海外旅行いや出張に、私のテンションは上がりまくった。

オスロに着いたら

読者の方は、ノルウェーにどんなイメージがあるだろうか？　フィヨルドのあるバイキングの子孫の国、『三びきのやぎのがらがらどん』の舞台になった急峻な山国だろうか。

私の見たノルウェーは、実に「人気《ひとけ》が少ない」国だった。なにせ、日本くらいの面積の中に、北海道くらいの人しか住んでいないのだから。だが、さすが北欧デザインの一角の国だけあって、田舎ながら実におしゃれだった。

オスロの空港に着いて、電車に乗って研究所に行く。車窓の風景は、フィヨルド沿

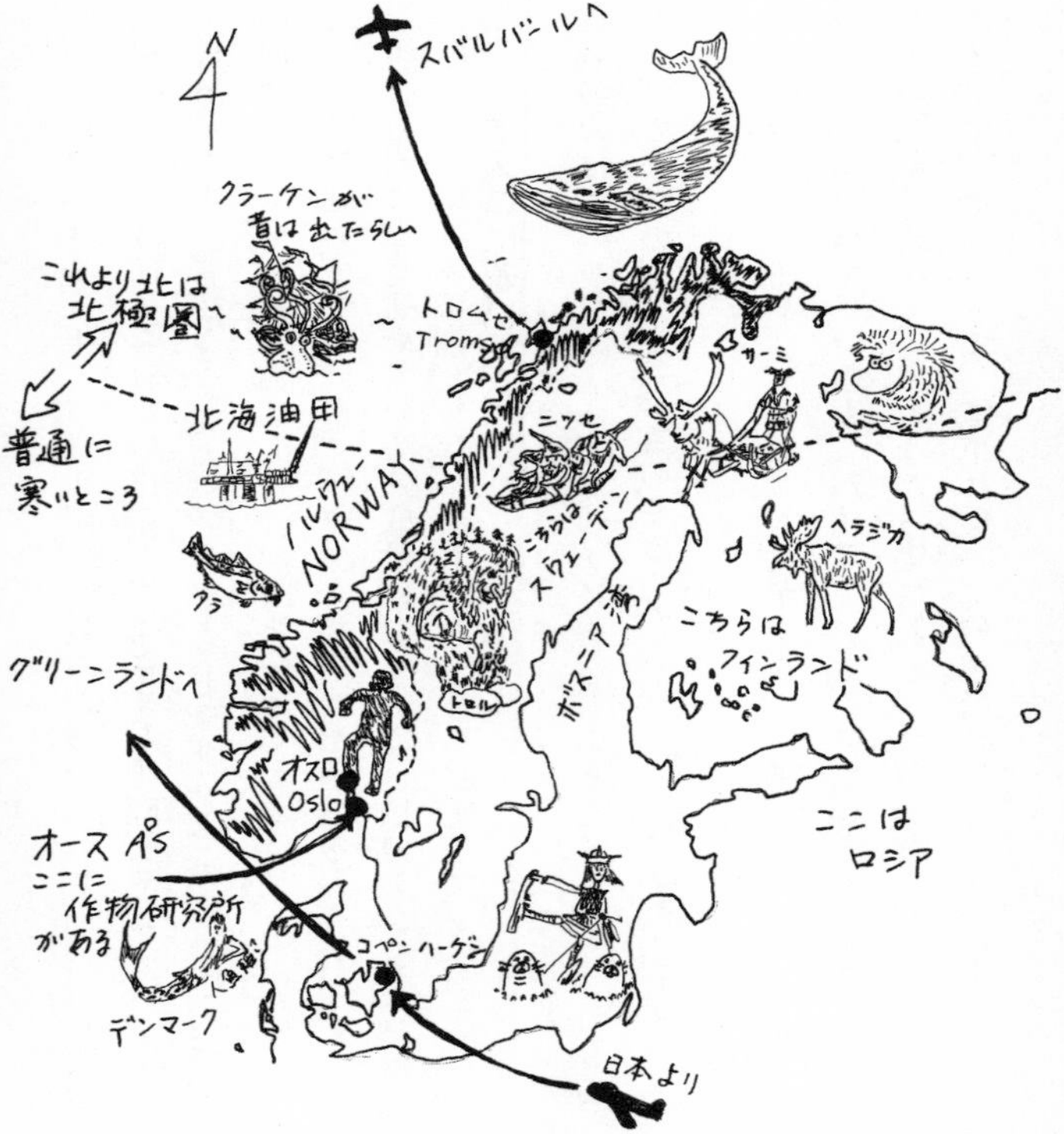
N
スバルバールへ
クラーケンが
昔は出たらしい
これより北は
北極圏へ
普通に
寒いところ
北海油田
トロムセ
Troms
ニッセ
サーミ
ノルウェー
NORWAY
こちらは
スウェーデン
ボスニア湾
ヘラジカ
こちらは
フィンランド
トロル
グリーンランドへ
オスロ
Oslo
オース AS
ここに
作物研究所
がある
コペンハーゲン
デンマーク
日本より
ここは
ロシア

ノルウェーとその周辺

いの波止場から工業地帯、そして起伏の多い田園へと変わっていく。住んでいる北海道に似てはいるが、やっぱり違う。初めての海外に緊張していた私も、のんびりした風景を見て、なんだか気が安らいできた。ここでは、どんな菌に会えるのだろうか。

自称・世界一働かない人たち

ノルウェーの弁当“Matpakke”。こんなに薄いサンドイッチで，どうやってあの身体を維持しているのか？　謎だ

研究所近くのゲストハウスに泊まり、毎日研究所に通った。朝8時半頃に皆が出勤し、12時に昼食(皆あんなに大柄なのに、サンドイッチ2切れくらいしか食べないのは、どんなカラクリがあるのか)、そして3時半に仕事が終わる(これはサマータイムの間で、冬場は5時まで)！　夏は4時になると本当に皆帰ってしまい、研究所はガラガラになった。近くの大学の食堂も5時半に営業が終わる。これにはカル

チャーショックを受けた。こんなに早く帰って、どうすりゃいいのだ⁉――仕方なく、ひとり研究所に5時まで残って、いつも研究室の戸締まりをしていると、守衛さんに顔を覚えられ、君はいつも残業しているけど大丈夫かと声をかけられるようになってしまった。やれやれである。

ここでお世話になったアン・マッテ・トロンスモ教授は、「ノルウェーの研究者は世界一働かない」といって笑っていた。それでも研究成果がきちんと出るように努力する。このためにまず、職員の分業がはっきりしている。依頼すれば試薬はいつの間にか準備されるし、使った器具は、洗い場に出しておけば係の人が洗ってくれる。研究者は研究のことだけを考えている。そして研究者は、研究の前に、関連する知見をできる限り調べ上げ、あらゆる結果を想定している(はずだ)。そして得られた結果から、なるべく効率よく次の研究につながるものを選ぶことを繰り返す。私のイメージではどうも、彼らはあみだくじあるいは生物の系統樹のようなシステムを、頭の中に組み上げているらしい。スタートから結果の成否を想定し、事前の知見から推定できるすべての対応を予想しておく(らしい)。

作物研究所に来てすぐ、これをアン・マッテから聞いた時の衝撃は今も忘れられない。その頃の初々しい私は、実験結果を見てから次の手を考えていたものだ。結果もないのにあれこれ予想するなど、先入観が入ってよくないとまで思っていた。ユーラシア大陸の反対側では、私たちとはまったく違う考えで研究している人たちがいたのだった。

ともあれ、私はすぐにこの環境に慣れて、週末はオスロに通い、見分を広げるために市中をいろいろ見て回り、日の高いうちから(白夜なので)ビールを飲んでいた。この時の印象がとても強かったし、周りの自然も美しかったので、1999年からさらに約1年間、家族を連れてアン・マッテの下に留学した。私以外の家族はいつしかノルウェー語を話すようになり、思わぬ疎外感を感じたこともあった。けれどもこれは別の物語、いつかまた、別のときに話すことにしよう。

＊

ノルウェーのイシカリエンシスの菌株(師匠が集めたものと、アン・マッテ研究室にあったもの)を片っ端から培養してみると、面白いことがわかった。北方で採集された菌株ほど、低温ではピンピンしているものの、10℃という高温で培養すると元気をなくしてしまうことが多いのだ。ただしこれは、ジャガイモを添加した寒天培地で培養した場合の話だ。ジャガイモの代わりにトウモロコシを用いると、10℃でもわりに普通に生えてくる。

詳しく調べていくと、鍵はトウモロコシに含まれるβ-カロテンのようだ。ビタミンAの前駆体であるβ-カロテンは、呼吸によって生じる活性酸素の除去に一役買っている。高温下では、菌たちの呼吸が「荒くなって」しまい、活性酸素を除去する成分が必要になるというわけだ。ためしにβ-カロテンや活性酸素の除去効果をもつ化合物をジャガイモ培地に加えると、ノルウェー北部の菌株でも、10℃での成長はよくなった。彼らは、成長に必要な要素の一部をより宿主植物に依存しているようだ。

北極圏デビュー

北緯66度33分以北は北極圏だ。アラスカと同様、ノルウェー北部でも、北極圏内に普通に農家がある。

ノルウェー本土については、アン・マッテの師匠だったオルスバール博士によって、雪腐病菌の詳細な分布地図が作成されていた。しかし、北の無人島だったスバルバール(スピッツベルゲン島)や、農業がほとんど行われていないグリーンランドでの雪腐病

ノルウェーの子供達はサンタさんはスバルバール方面から来ると信じている
N
キョクアジサシ
子育て中は気が荒い
Ny-Ålesund
ニーオレスン
Pyramiden
ピラミッデン
(元ロシアのゴーストタウン)
Longyearbyen
ロングヤービン
Barentsburg
バレンツブルグ
Gjelder hele Svalbard
こんな看板があっても
ただ恐ろしげだ
ノルウェー本土
(トロムセ)より

スバルバール諸島

菌の分布はまだ知られていない。そこで、作物研究所での滞在期間中、私はスバルバールでの菌類調査をおこなうことにした。

ノルウェー本土の北の街トロムセから2時間ほどのフライトで、スバルバールの中心地ロングヤービンへ。ロングヤービンからは小型機で、さらに北のニーオレスン(北緯78度55分)に降り立った。

樹木がなく(ただ、これは当初気づかなかっただけで、本当はヤナギやシラカバの類が地表を這っていた)、ゆるやかな起伏のある大地を背丈の低い植物が覆っている景色を見て、私には、なぜかとても懐かしい気持ちが湧きあがってきた。どうしてなのか、しばらくはわからなかったが、やがてほうぼうを歩くうち、ここが海氷が浮かぶほど寒くなく、遠くに氷河が削った切り立った崖ではなくて倉庫群が見えるなら、私が子供のころ、友達と自転車を連ねて毎週のように通った東京湾の埋め立て地に似ていることに気がついた。モノレールの車窓から見える大井埠頭周辺は、今は大きな木々が目立つが、40年前、私が釣りに夢中になっていた小学生のころは、わずかにヤナギが運河沿いに植えられているほかは、ほとんど草地だったのだ。

銃がない！

スバルバールは無人島だったが、陸上に大型動物がいないわけではない。ここの固有種には、小型のスバルバールトナカイや、あるいはホッキョクギツネなど、積極的に会ってみたいものもいる。だがホッキョクグマだけは、遠目に見るだけで十分だ。なにせ、現存する陸上最強の肉食獣である。

ロングヤービン空港にあるポスター。ノルウェー語がわからなくても，十分に意味は通じる

スバルバールでは、ホッキョクグマが街なかに出てくる可能性がある。だから地元の人々は、いつでも人が逃げ込めるよう、建物や車のドアに鍵をかけないでおく。しかし野外ではそうもいかないので、自衛のため、ライフル

を担いで歩くことになる。

＊

地図を手に2～3日歩くと、周りの状況がだいたいわかってきた。丘の上は乾いていて、枯れた植物は少ない。一方、崖下や窪地は雪だまりになりやすく、湿っていてコケが多い。雪腐病がコケに出るというのは知らなかったが、少なくとも、菌にとっては湿った環境のほうがいいだろう。そこで、このような場所を見つけると、私はお目当ての菌を探すために、膝をついて、顔を地面に近づけて、ゆっくりとなめるように観察していった。

そうして歩くことに慣れてきたころ、崖下のコケが絨毯のように見事に広がり、大きな群落をつくっているところで、ところどころがまだら模様に枯れているのが見えた。雪解け直後の場所にもまだらがある。

もしかすると、コケに対して病原性を示す雪腐病菌がいるのかもしれない。私は夢中になってこのまだら模様の写真を撮り、菌を分離するために枯れたコケを集めた。

その時、海に背を向けた私の背後で、何やらゆっくりとした音を聞いた。

(足音？)

ぎょっとして振り返ると、また音が聞こえた。何かが、私に近づいてくるようだ。少し高いところにいる私からは、下から上がってくるものを直接見ることはできない。とっさに左手を伸ばしたが、指はコケの絨毯をなでただけ。反対側かと思い、ちらっと右側を見ても、やはりライフルがない！　正面を見ると、ライフルは「はるか」30mほども向こうにあった。どうやらコケに夢中になって、置き忘れていたらしい。

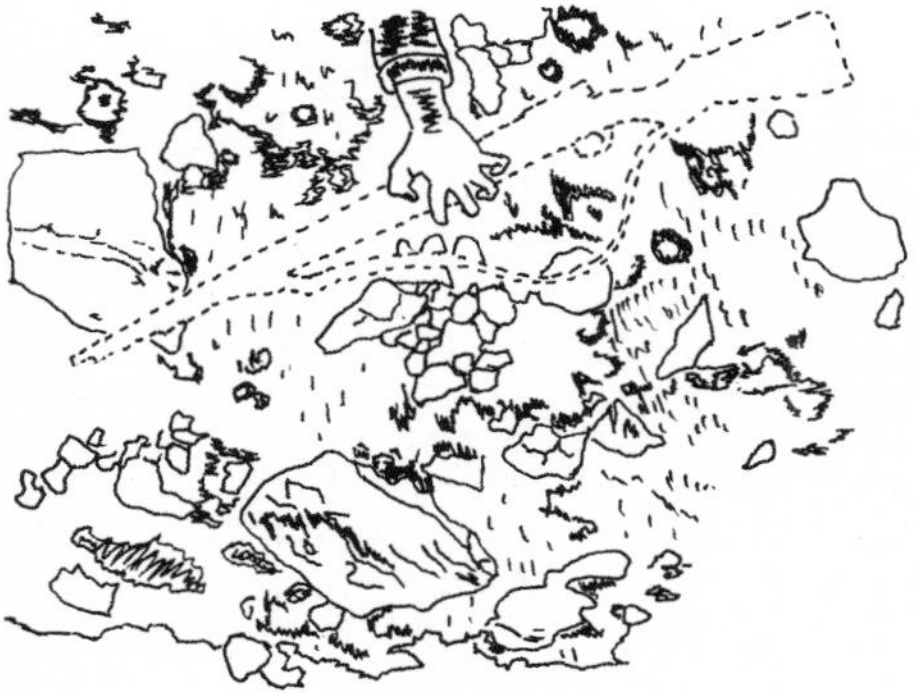

伸ばした左手は，コケの絨毯をなでただけ……

駆け出して取りにいきたい衝動を抑えて、私はゆっくりとライフルの方向に後ずさりした。徐々に、2頭の動物の白い頭と背らしき姿が見えてきた。ああ！　どうしよう……。

しかし、凍りついた私の目の前にあらわれたのは、なんのことはない、角を落とした2頭のトナカイだった。草やら地衣やらをはみはみ、ゆっくりと坂を登ってくる。ふう……

よかった。急激に緊張から解放されて、私はその場に座り込んだ。

＊

後日談。幸運なことに、スバルバールでコケを枯らす菌は簡単に分離・培養することができた。どうやら、ピシウム属らしい。ピシウムは大阪府立大学の東條元昭さんが専門にしているため、その後は彼も巻き込んで、北極や南極でこの菌を探しまくった。その結果、両極には同じ種のピシウムが存在し、コケに病気をおこすことがわかった。彼とスバルバールでおこなった調査では、1人が観察し、その間1人がライフルを持って見張ると決めていたのに、実際にコケの病気を見たら2人とも無駄に興奮してしまい、その辺にライフルを置きっぱなしにして、またしても角のないトナカイに、2人して度肝を抜かれる羽目になった。

雪腐の始まりの物語

ピシウムは、いわゆるカビやきのこと同様、菌糸つまり糸状の細胞で増殖する。しかし、その形はずいぶん違う。前述のように、他の菌の菌糸は、細胞がつながった結果として糸状に成長するのに対し、ピシウムでは筒状の菌糸がスーッと伸びていく。

単純な構造だから成長が速い。これが彼らの強みなのだろう。

ただ、この強みが弱みに変わる時もある。筒状の構造ゆえに、どこか1ヶ所が壊れると、細胞の中身がすべて洩れてしまうのだ。霜が降り、地面が凍る日には、菌は体の外にできた氷によって押しつぶされてしまうこともある。だからピシウムは、他の雪腐病菌に比べてとても凍結に弱い。

実際、培養した菌糸を凍結したら、あっさりと全滅してしまった。寒さが好きな菌だと思っていたので、なんだ、キミたちこの体たらくはと嘆いていたら、東條さんが「こいつらは植物病原菌なんだから、生きた植物に感染させた状態で凍らせたらどうだろう」と助言をくれた。そこでさっそく試してみると、今度はすべて生き残った！凍結と融解を3回繰り返しても、みんなピンピンしている。なぜだろう。

秘密は、宿主となる植物がもつ耐凍性にあると思う。多くの生物は細胞が凍ると死んでしまうが、越冬する植物は、糖やアミノ酸をため込んで、細胞の中は凍らないようにしている。たぶん、凍結が苦手なピシウムは、凍らない場所として、植物の細胞の中を見つけたのだろう。そしてそこに入りこむためには、まずは植物に感染する能力を手に入れる必要がある。ピシウムはこうして雪腐病菌になったのではないか。さらには、ボレアリスやガマノホタケなど他の雪腐病菌たちもまた、同様の経過をたどって雪腐病菌になったのではないか。と、私は着想し、やがて夢想し、今では妄想している。

ついに見つけた!

スバルバールでコケの雪腐を見つけ、それはピシウムだった。しかし、ボレアリスはさておき、私の好きなイシカリエンシスが見つからない。いないのか? いや、そんなはずはない。あいつらは温帯なら、ピシウムより寒いところが好きだろう。探す場所が悪いのだろうか? 何度も自問自答しながらスバルバールに通い、数年が過ぎた。

そんなある日、スバルバールの地図を前に腕組みしていて、ふと思いついた。海流と植生だ。

たとえば北米や欧州が、日本よりも緯度が高いのに比較的温暖なのは、メキシコ湾流の影響を受けているからだ。この暖流はさらに北上し、スバルバールまで達している。このためスバルバールでは、フィヨルドの奥に入るほど、大陸性の気候となって乾燥が進む。乾燥した土地には硬い地衣やスゲなどが多く、雪腐病菌が好きそうな軟らかい植物がないのだ。海岸寄りの、もっと湿った場所を探そう。するとロングヤービンのあるフィヨルドの入口に、バレンツブルグというロシアの炭鉱町があった。ここはなかなか良さそうだ。

*

ロングヤービンを出た観光船は、フィヨルドの切り立った崖の合間を進んでいく。水面は穏やかだ。おかげで私は心配していた船酔いもなく、バレンツブルグに到着した。私を除く観光客は、1時間ほど町に留まると、船に戻って帰途に就く。観光客が去ってしまうと、とたんに町は静かになった。

ホテルに荷物をおいて、調査に出かけた。町は差し渡しが500mほどで、1時間もあればすべて回れる。目的とする軟らかい草は、町中いたるところに生えていた。ちらほらと行きかう人がいるので、町はずれから調査を始める。

さびれた建物の影の草むらに入り、這いつくばって枯草をじっくり観察する。やがて枯草の中に、こげ茶色の小さな粒が目に入った。あああ——！　これはイシカリエンシスの菌核じゃないか。大きな声を出すと怪しまれるので、心の歓声をあげて、小さくガッツポーズする。やっぱり北極にもいたんだね、キミたちは。ルーペでよく観察したいが、右手でつまんだ枯草の先の菌核が、強風で飛ばされるのが怖い。そそくさと封筒にしまった。さらに探すと、黒くて大きなボレアリスの菌核もあった。

感涙にむせぶ私に、声をかける人がいた。知らず知らずのうちに、心の声が口から洩れていたのだろうか？　いやいや、私は、それほど怪しい人ではありません、と言おうとする私（寒空の下、町はずれの草むらに1人ひざまずいて、涙目で独り言をいっているヤツは、客観的に見たら極めて怪しいどころか、危ないと思う）に、彼は臆することなく、「君は生物学者か？」と聞いてきた。なんでも、バレンツブルグに唯一残る観測施設、気象観測所の技師だという。昔は多くの研究者がここで研究していたが、大半の研究所は閉鎖されてしまったそうだ。

彼の職場でお茶をいただきながら、これまでの積雪深の観測結果を見せてもらった。思った通り、バレンツブルグは他に比べて雪が多い。こんなところを探せば、また雪腐に会えるのだろうと考えた。

グリーンランドへGO！

どこを探せば雪腐病菌に会えるか、眼力に自信がついてきた頃、次の調査にグリーンランドを選んだ。雪腐の北限が知りたいと思ったのだ。

グリーンランドはご存じのように、世界最大の島だが、大半を氷河に覆われており、居住可能な地域は沿岸部のみ。最北の雪腐病菌がいるとしたら、きっとこういうところだろう。現地には微生物学や植物病理学の研究者がいないので、人に頼ることはできないが、まあ、どうにかなるだろうと、まずは首都のヌークを目指すことにした。

飛行機の窓から見るヌークの街は、鮮やかな色の三角屋根の家が並び、レゴブロックのように美しい。氷山が浮かぶフィヨルドをバックにした3階建てのデパートなど、CGにしか見えない。そして、日本人によく似た人たちがここを闊歩しているのは、なんとも不思議な光景だ。

そしてここでは予想通り、イシカリエンシス・ボレアリス祭りになった。さらに、インカルナータまで採集することができた（グリーンランドでインカルナータを見つけたのは、その後の調査を含めてもこのときだけだ）。あまりに嬉しかったので、ユースホステルの管理人に自慢したら、ネズミの糞だろと言われて脱力した。いやこれは、きのこの種というか、球根というか……と力説していたら、おまえはこんなものを集めに、日本からここまで来たのかと、おじさんは心底驚いていた。いやこれが仕事なものですから。とはいえこの反応は、人種・国籍にかかわらずだいたい同じだ。

生臭い風が吹くとき

グリーンランドにはこの後すぐ、再訪の機会がおとずれた。2002年、グリーンランド西部のカンガルサークと、そこから近い沿岸部のシシミュートで開かれた「極地と高山帯の菌類に関する国際シンポジウム」に参加することになったのだ。

国際学会というと、世界中の研究者が集まって最新の発表をしまくり、しかも激しく議論しまくるイメージがある。でもここは少し違う。基本的に参加者は15人限定。昼間はきのこを採集し、夕方にはそれをならべて鑑定する。そして夕食後に講演をおこない、採集品について意見を交わし、ものによっては必要としている研究者に渡す。つまり、フォーレ(採集会)がメインになるのだ。

カンガルサークでの採集会の日は、いい天気だった。参加者それぞれに探すきのこが違うので、みんなすぐにバラバラになってしまう。時間までに集合場所に戻ればよいのだから、ピクニック気分だ。

デンマーク・グリーンランドでは サンタさんは
グリーンランドの北方から来ると
広く信じられている
Svalbard
スバルバール
各コミューンの
マークはすごく
カッコ良い。
特にカナックの
ゴミ箱にはイッカクのマーク
があってぐっとくる
Qaanaaq
カナック
この
百鬼夜行
みたいの
は骨や
牙を彫って
作った
魔よけ
Upernavik
ウパナビーク
Ilulissat
イルリサット
Sisimiut
シシミュート
Kangerlussuaq
カンガルサーク
Nuuk
ヌーク
Neerlerit Inaat
Ittoqqortoormiit
イトコトトミュート
Iceland
アイスランド
Kulusuk
クルスーク
Tasiilaq
タシラーク

グリーンランド

カンガルサークは内陸部にあって乾いているから、雪腐天国ではないだろう。でも、できればガマノホタケも採りたいから、少しは湿っているところがいい。そこで私は、大きな湖の周囲の小道沿いをのんびりと歩き始めた。なかなかに素敵な道で、氷河が削ったなめらかな石の上で昼食をとると、また歩き出して、きのこを探した。

坂を登りきったところで、急に胸騒ぎがして顔をあげた。正面から吹く風が生暖かく、しかもクサヤのような、低級脂肪酸つまり獣臭いにおいがする。もしここが真っ暗な森だったら、昔話の怪物が出てきてもおかしくないような雰囲気だ。

心臓がバクバクして、鳥肌が立ってきた。高レベルの危険信号に、体が反射的に反応している。向こうからナニカがくるんだろう。絶対にやばい気がする。

私が崖を一目散に15mくらい駆け登るのとほぼ同時に、大きな蹄《ひづめ》の音と咆哮を上げながら、体長はゆうに2mを超え、肩の高さも私くらいある大きなジャコウウシが1頭あらわれた。鼻面をあげて、私がいた場所のにおいを嗅いでいる。

やがて彼は、呆然としている私(もし彼が駆け上がってきたら、すぐにもっと登れるように、手足に力を込めて、振り返った格好で固まっていた)のほうを一瞥した。互いの視線があった……ように感じた。その後、彼が大きく身を震わせて吠えると、大きな蹄の音とともに、仲間とおぼしき群れが坂を駆け上ってきた。小さな子供たち（それでも体長は私くらいある）の周りを、大人が守るように固めている。群れのリーダーと思われるオスは、私をチラ見すると、頭を振って鳴き、坂を下っていった。それに促されるように、他の個体も坂を下っていく。

ふぅー、助かった——。私は大きく息を吐くと、彼らが去ってからきっちり15分（特に意味はないが、忘れ物とかを取りにこられると困るので十分な時間をとった）待って、崖を降りた。そのころにはもう、彼らのにおいは風に流されていた。素敵な散歩道は、実はジャコウウシの獣道で、どうやら私は彼らの道に勝手に入ってしまったらしい。草食獣で本当によかった。

怖い思いをしたが、カッコいいなあとも思った。南斗五車星のフドウは、ケンシロウ以外では唯一ラオウを敗北させ、映画版ナルニア物語のミノタウロスは、その怪力で身を挺して仲間を守った。偉丈夫でマッスル系の草食男子には、人を魅了するものがあるのだろう。

イヌイットの人たちに囲まれて

　翌年は念願の東グリーンランドを調査した。西に比べて、東は極端に町が少ない。大ざっぱに言えば、タシラークとイトコトトミュート(私の知っているグリーンランドの地名の中で、ここが一番読みづらい)くらいしか人の住んでいるところがなく、大部分は国立公園だ。

　別の場所での調査を終えてタシラークに移動して2日目。手持ちの資金が少なくなってきたので、郵便局で少しお金をおろして(グリーンランドは先進国なので、小さな町でも郵便局とATMがあり、週末でもお金をおろすことができる)、町はずれから調査を始めようと歩いていると、街中の教会の前に多くの人が集まっている。ミサの後なのか、敷物を広げて、家族で楽しげに弁当を食べている。よい風景だなと思ってよく見ると、ところどころで、箱買いしたビールをラッパ飲みしている御仁もいる。朝からうらやましい。

　郵便局に入ろうとすると、赤ら顔のおじさんが私を呼びとめた。トナカイの骨をクジラの尾びれの形に彫ったものを3つ、皮ひもでつなげたネックレスを、300クローネでどうかと聞いてくる。いや金がないんだ(これは本当だ)とやんわりと断り、ATMに並んだ。相手が酔っ払いだから反射的に断ったが、よくよく考えると、観光案内所兼お土産屋で同じものを買ったらもっとするると思う。そんなに悪いもんではないだろうと、お金をおろして懐具合がよくなった私は考えていた。

するると、さっきのおじさんが同じところで、まだビールを飲んでいた。さっきのネックレスを持っているかいと聞くと、なにを思ったのか250でよいという。いや、前の値段でいいんだと300払おうとすると、50を返そうとする。相手は酔っぱらっているし、英語があまり上手くない。私のデンマーク語はあいさつ程度で、グリーンランド語は話せない。

困っていたら、別の酔っぱらいが中に入ってきた。最初の酔っぱらいの言い分を聞いて、英語で説明してくれる。そこで私は、最初の300で買うんだよと言ったら、にわか通訳の酔っぱらいも驚いていた。「ほら、そこのお土産屋で同じものを買ったら、500はするだろ。デザインも気に入ったし、十分に得してるんだから、いいんだよ」と、私は言った。

そうこうするうちに、周りには興味をもった酔っぱらいが集まり始めた。ちょっとまずいことになったかなと思っていたら、にわか通訳は「日本人は皆そうなのか？」と聞く。「いや人それぞれだろうな。私は、酔っぱらった相手から安く買えたとしても、うれしくないし、夜気持ちよく眠れないんだ」と答えた（「枕を高くして眠れない」を英訳できなかった）。これがグリーンランド語に訳されると、周りのおじさんたちはおーとかほーとか唸って、いきなり握手を求めてきた。「へえ、面白いね。もっと話そうよ」。つまり飲みに誘われているのだ。

とはいえ、ここにはあと1日しかいられない。明日は天気が急変するかもしれない。私はここにいる皆と同じで、一度酒を口にしたら、いつもへべれけになるまで飲んでしまう。そして記憶の他にも、いろいろなものを失ってきた。ここは心を鬼にして、調査にのぞまなければならない。「3時間だけ調査してから戻ってくるよ」と皆に念を押し、後ろ髪を引かれるように輪の中を抜けた。

調査を終えて戻ってみると、やっぱり誰もいなかった。家族に連れ戻されたのか、あるいは河岸《かし》を変えて飲んでいるのかもしれない。しばらく未練がましくぶらぶらしていたが、やがて宿に戻ることにした。きのこ探しで得るものもあれば、失うものもあるものだ。このときは本当に残念だった。

＊

さてグリーンランドのイシカリエンシスは、予想通り、ノルウェー北部の菌株と同じような性質を示した。ジャガイモ培地で飼うと、10℃で元気をなくすものが多い。また、グリーンランドの菌株には、菌糸はたくさんつくるものの、温度を上げても菌核をあまりつくらないヤツもいた。彼らにとっては、暑さでまいることなんて想定外なのかもしれない。

タシラークで買った首飾りと，調査後に未練がましく拾ったプルタブ（Tuborg だったと思う）

北極のきのこの生き方

ノルウェーの北極圏でも、そしてグリーンランドでも、雪腐病菌たちに会うことができた。マイナス40℃にもなるような酷寒の地で、菌たちはどのように生きているのだろう。

ピシウムが北極でいかに生きているかは、先に述べた。じつは、イシカリエンシスとボレアリスはそれぞれ、ピシウムとは異なる生き方をしている。

まずは、子嚢菌の低温耐性ナンバー1のボレアリスから見ていこう。第1章で述べたように、彼らは土壌凍結がおこる環境に適応している。このため、土が凍結しても、マイナス7℃以上ならば、普通にというか、それ以上によく生えまくる。ちょっとあんた変態でしょと言いたいぐらい変なヤツだ。

この強さの秘密は、彼らの栄養利用の特性にある。マイナス20℃以上の温度ならば、凍結した培地や土壌といっても、すべての水が凍っているわけではない。氷は水の結晶なので、溶けていた溶質の栄養素や塩分を排除しながら成長する。皆さんは、家の冷蔵庫でジュースを凍らせたことがあるだろうか？　冷凍庫では下から凍るので、上のほうはジュースの成分が濃縮された半解けの状態にある。この半解けの濃縮された栄養を利用できれば成長できるのだ。そして、ボレアリスはそれをやってのけた。この性質は、もともと宿主となる植物が凍結に耐えるために細胞内に蓄積した高濃度の糖やアミノ酸を利用するように適応した結果だと思われ、現在のところボレアリスだけに知られている。

一方、担子菌であるイシカリエンシスは、凍結しても死ぬことはないが、成長速度は半分くらいになってしまう。このため彼らは、なるべく凍らないように、ものすごいエネルギーを使っている。不凍タンパク質と細胞外多糖をつくるのだ。細胞の外で氷の核ができても、その氷の表面のすべてをタンパク質が覆い、氷の成長を抑制する。これが不凍タンパク質の働きだ。イシカリエンシスでは、細胞の外に分泌するタンパク質のなんと！99％以上が不凍タンパク質だ。

一般に酵素は、単体でも物質を変換することができるため、細胞から離れた場所で働いてもよい。だが不凍タンパク質は、集団行動が求められる。細胞から離れて濃度が薄くなった不凍タンパク質は、氷の表面すべてを覆うことができず、氷の成長をゆるしてしまうからだ。このため、細胞が分泌した不凍タンパク質が拡散し、希釈されてしまうことは好ましくない。

そこで次の役者、細胞外多糖の出番だ。この細胞外多糖は、菌糸をコートのように包み込み、不凍タンパク質が拡散するのを防ぐことができる。イシカリエンシスは、凍りにくいコートをまとうことで、ミクロに凍りにくい環境をつくっているのだ。この生き方は、他の多くの担子菌にも共通している。このように、雪腐病菌の生き方はさまざまなのである。

グリーンランド・イルリサットのキオスクに貼ってあったポスター。ここでは16歳以上ならOKらしい。大人の基準は生物学的でないことがわかる

3

着いてもすぐに帰りたい

シベリアふたり旅

右：タンヌ・ツゥーバ共和国(ソ連時代のシベリアの一部。1936 年)　シベリア鉄道沿いのステップ地帯で雪腐病を探すことはかなり難しい
左：ソビエト(1923 年)　欧米では代表的な図案だが，積雪地なら足元にかならず雪腐病菌がいると思う

ホームレスから釣りをもらう相棒

ノルウェーもグリーンランドも、私が日本で何かやらかしたら直ちに亡命したいくらい、手放しによいところだと思う。しかし次の舞台となるロシアには、そう簡単に肯定したくない何かがある。ちょうど、自分の出身校を手放しでほめるのに、数々の若気の至りの痛い思い出が抑止力となるような感情を、私はロシアに対して持っている。

ロシアに好印象を持つ日本人は少ない、と思う。50人中好印象を持っているのは、わずか2人で、いずれも雪腐関係者だった(筆者調べ)。それは、鉄のカーテンの内側で、北方領土を返さず、あまつさえ近づいたら拿捕するウオッカ中毒の国という、怖いイメージがあるからだと思う。

そんなロシアに、私は可及的速やかに行かなければならない。なにせ、ノルウェーと日本の間には広大なロシアがある。そこに山があるからと、マロリーは言った(正確には誤訳)。なぜシベリアで調査するのかと問われれば、そこに雪腐病菌がいるから

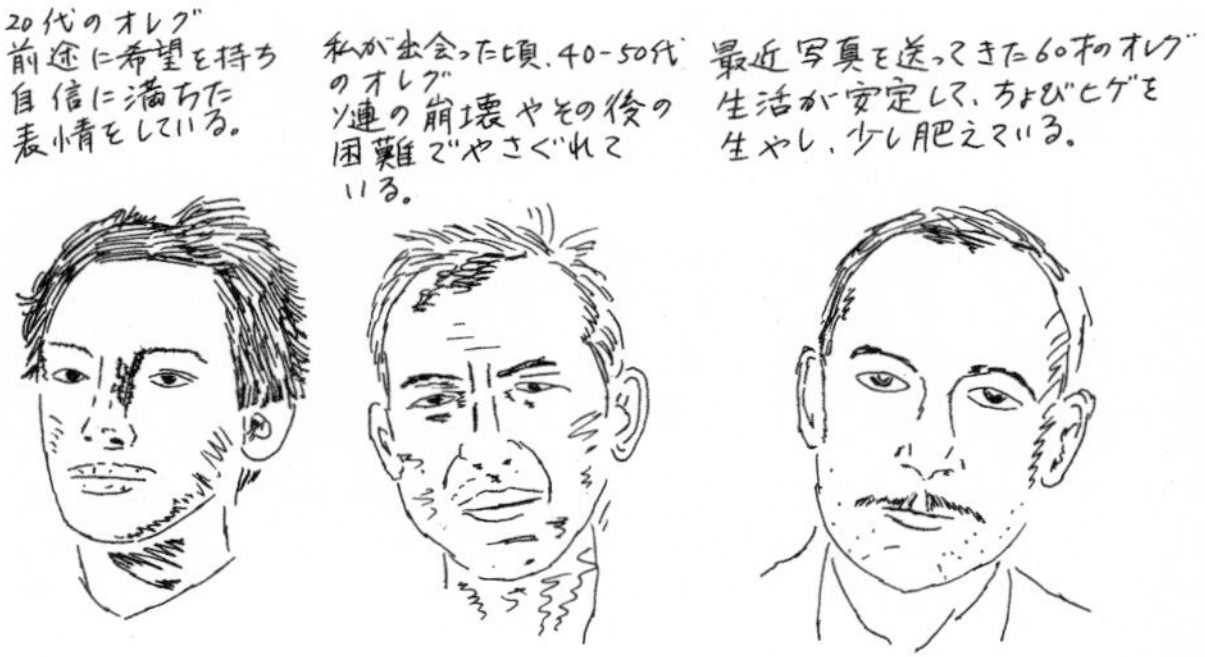
20代のオレグ
前途に希望を持ち
自信に満ちた
表情をしている。
私が出会った頃。40-50代
のオレグ
ソ連の崩壊やその後の
困難でやさぐれて
いる。
最近写真を送ってきた60代のオレグ
生活が安定して、ちょびヒゲを
生やし、少し肥えている。

オレグ・トカチェンコ博士の肖像

だ、と私は答えたい。しかし残念なことに私は、ロシア語を(英語も、日本語さえも)満足に話せないので、ガイドとなる共同研究者を探さねばならない。

その機会はすぐに来た。1997年、札幌で越冬性作物と雪腐病菌に関する国際会議が開催され、ロシアの雪腐病菌の専門家が来日することを師匠から聞いたのだ。

その名は、オレグ・ボリソヴィッチ・トカチェンコ(以下オレグと省略)。ケビン・コスナー似の(と家人は言っていた)彼は、モスクワにあるロシア科学アカデミー中央植物園(以下「モスクワ植物園」と略)に所属する、ロシアで唯一の雪腐研究者だ。来日時に話をすると、彼の話す英語はお世辞にも上手くないを超えて、めちゃくちゃに下手だとわかり(つまり私と同レベルで)、とても安心した。

私がシベリアで雪腐、特にイシカリエンシスを探したいことを告げると、彼はすぐに賛同してくれた。オレグと私の小指はこのとき、白いガマノホタケの菌糸で結ばれたようだ。広大なシベリアで雪腐病菌を探すコンビ結成の瞬間である(このコンビはさらにその後、ボレアリスの斉藤泉さん・ピシウムの東條さんを加えたカルテットへと発展的解消をする。あと1人加われば標準的な戦隊になると言っても、師匠は首を縦には振らなかった)。

オレグは、基本的にはいいやつだ。私より10歳も年上なのに、偉ぶったところがない。しかし、完璧な人がいないように(人格者と周囲から言ってもらいたい私でさえ、整理整頓ができず、無駄遣いが好きな、自分に甘い怠け者で、目をつぶってニンジンを丸呑みし、納豆が食べられないなどの瑣末な欠点があるように)、彼にも欠点がある。私から見るとあまりに吝嗇《りんしょく》が過ぎる。つまりケチなのだ。

食事をするにも、私が空腹で倒れそうだと演技力たっぷりに訴えても、自分だけロシア語が読めるのをいいことに、安い店を十分に吟味するため市中を放浪する。ホテルも高いと言って、知り合いの家に泊まることを薦める(一方で日本人の私は、個人のお宅に厚意で泊めていただいても、相手の家庭のプライバシーや、その厚意を返すことができないことをずっと気にしていた）。私がロシア経済に貢献し、シベリアの自然と少数民族の文化を理解するために民芸品を買おうとすると、厭味を言って心をくじく。

こんなのはまだいい。初めてのシベリア調査で屋外のカフェにいたとき、ホームレスのおじさんが物乞いにきた。すると小銭がなかったオレグは、おじさんに札を渡して何か言うと（私はこの時、オレグはこういう時に金を使うのかと勘違いしていた）、なんと釣り銭をもらっていたのだ！　聞くと、「相場の額の細かいのがなかったから」と、しれっと言った。

もっともその後すぐ、男の子が物乞いにきた時には、彼は少し話をすると、自分の食事をその子にあげた。また聞くと、「あの子は身寄りがなくて何日も満足な食事をしていないし、自分はそんなに空腹ではないから」と言った。少なくとも、ただのケチではないらしい。当時オレグは、自分の月給は100ドル程度だと言っていた。だから、1泊20ドルのホテルに泊まることを躊躇するのも理解はできる気がする。

はじめてのシベリア

初めて調査に行く場所には、事前の下調べを十分に行うことが必要だと思う。私は、

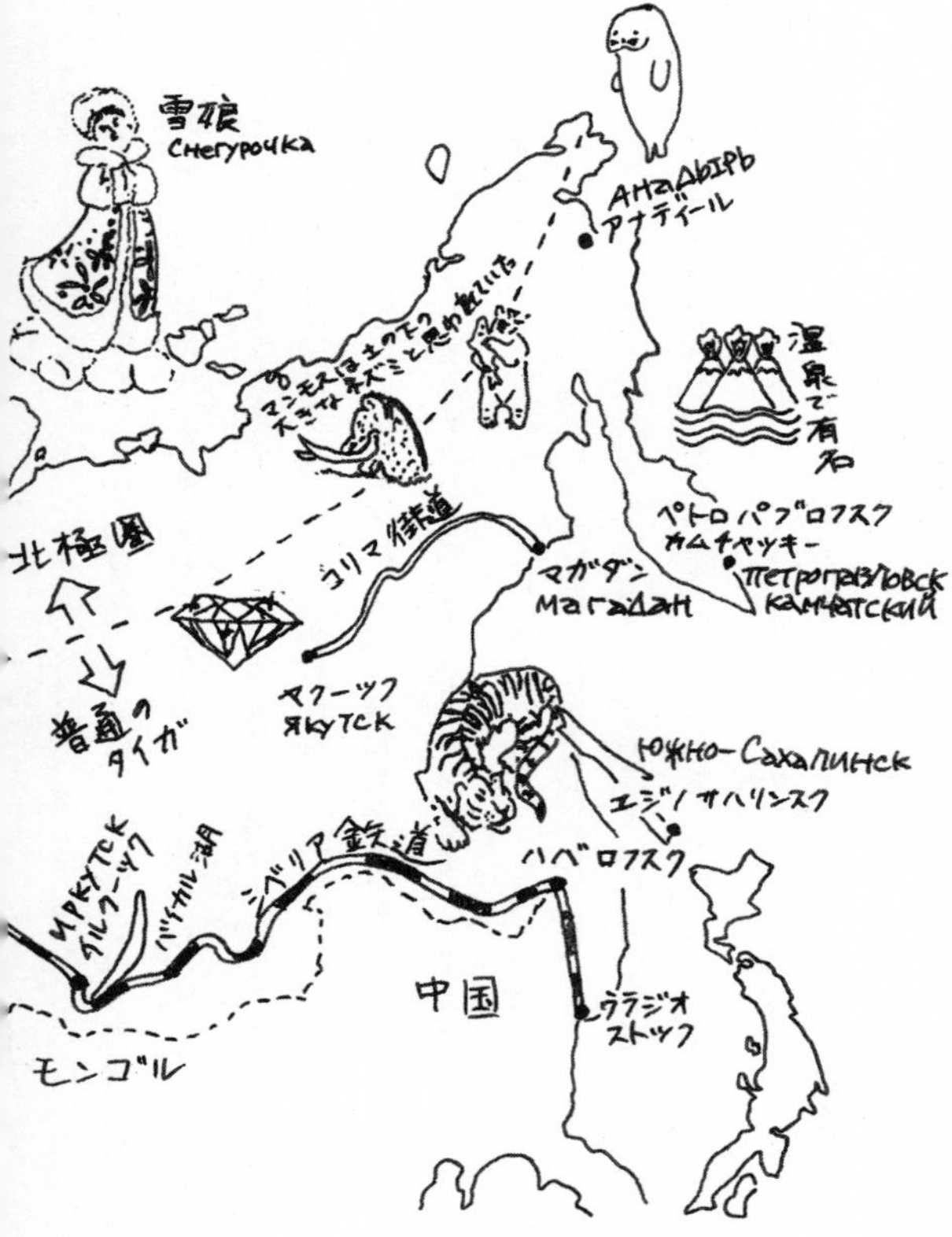

者ならいくつもの綴りの間違いを見つけられるはずである。私のう。ちなみにオレグは，普段なら私のロシア語の間違いを喜々といただけだった。老眼で地名がよく読めなかったのだろうか。

シベリアとその周辺

注：旧版(岩波科学ライブラリー，2015年)のこの図は，ロシア語に堪能な
語学力はこの程度なので，オレグがいなければ簡単に路頭に迷っていただろ
して指摘するはずが，本書の旧版とそのロシア語訳を送ってもただ楽しんで

『地球の歩き方』や『ロンリープラネット』など旅行ガイドから始まって、シベリアに関するさまざまな書籍に可能な限り目を通した。シベリア本には圧倒的に抑留記が多く、気が滅入るものが多い。また旅行記を見ても、ソ連からロシアに移行してからでさえ、相変わらず厄介な国のようだ。ベッドに寝転がってお菓子でもつまみつつ、自らを安全な場所に置いた上で、他人の苦労話を読むのは楽しい。ただ、これが自分の身にも起こりうると考えるとオェッとなる。

そんな頭でっかちになった菌学者が、ついにシベリアデビューを果たす。場所は、シベリア中南部のノボシビルスク。私は新潟、ハバロフスクを経由して、オレグはモスクワから、飛行機は高いからと言ってシベリア鉄道で!前乗りして、現地で合流した。

ハバロフスクの空港はソ連時代のシステムを残していて、私は豪奢な外国人専用建物からたった1人、出発便に乗った。ノボシビルスクでは、オレグが現地の研究者を伴って迎えに来てくれて、出だしは順調だ。

さっそく空港でルーブルに換金しようとすると、皆に止められた。空港はレートが悪いらしい。ホテルの傍で食事をとってからチェックイン。早々に寝ようとすると、ドアをノックする音がする。恐る恐るのぞき穴を見ると、オレグだ(他にも宿泊中には、知らないおじさんや派手な格好のお姉さんがドアをノックした。おじさんはさておき、お姉さんは開けたら何が起こるのか気になったが、やめた)。

中に入れて話をすると、いくら両替したいかと聞く。空港やホテルで両替しても、レートが悪いから自分が両替するというのだ。なにやら胡散臭いことになったなと思いながら、滞在期間は1週間だし、帰りのチケットはあるので、まあ何とかなるかと思って「500ドルだ」と答えると、彼は仰天して「そんな大金を替える必要ない」と言った。「でも事前に、ホテルは1泊50ドルだと聞いているよ」と答えると、そんな高いはずがないと言って彼はフロントに降りていった(部屋の電話を使ったらと言ったら、金をとられるかもと答えた)。そして戻ると、1泊50ルーブル(約750円、1ルーブル≒15円)の間違いだと言う。あらら、ずいぶんとお金が残って、これはこっそり豪遊できると思っていると、オレグは「50ドルくらい両替したらどうだ」と言う。「100ドルは必要だろ」と答えると、彼は「50ドル分のルーブルを持っているから、まずこれを両替して、残りは明日だ」と言い、自分の財布を差し出した。

後からわかったことだが、当時のロシアでは、ほとんどの人が政府や銀行などを信じていなかった。そして、市中の両替商のほうがずっとレートがいいのだ。だから、ロシアをよく知らない人から見ると、胡散臭いように誤解してしまうのだろう。

翌日、朝食の後で、オレグが研究所の人と迎えに来てくれた。そしてそこには明らかに身なりのよさそうな、研究者らしからぬ、その筋の風体の見知らぬ人もいた。自営の両替商だと紹介を受けた。私が150ドルを両替したいと言うと、彼は札束の詰まった革のクラッチバッグから、私に紙幣をくれた。私はそこで初めて、男物のクラッチバッグの使い道を知ったのだった。

さらに奥へ

現地の研究者の車で、研究所の冬小麦の圃場に連れていってもらった。融雪後の小麦は、雪腐病のせいで枯れているのが車内からも見てわかる。はやる気持ちを抑えて圃場に出ると、黒い菌核がびっしりとついている。「イシカリエンシスだね」と、オレグがうれしそうに声を上げる。小麦の雪腐はほとんどがイシカリエンシスで、少しボレアリスが混じっていた。私たちは、シベリアでこの黒い粒をイシカリエンシスだと認識した初めての研究者かもしれない。来たかいがあった。胸を張って、師匠しか喜んで聞いてくれない自慢話が皆にできる。

その日の夜は、初めての採集の成功を祈って、皆と祝杯を挙げた。その席で、現地の研究者が言った――「ノボシビルスクから200km離れたアルタイ地方のバルナウルに牧草の研究所があるから、雪腐病菌を探すならそこへ行ってみたらどうだ」と。ただ彼は続けて、とても言いにくそうに、「研究所の車は出せないから、タクシーをチャーターするのがいい」と言った。

タクシーをチャーター！　オレグは、金のかかることはやめておけと目配せする。値段を聞いてみると、「1日50ドルもする」と言う。え！　それってガス代込みですか？　高速代は？……高速はないのか。タクシーを丸一日借りて、ガス代込みで5000円というのは、私にとって高くはない。ただ確かに、現地の研究者の月給の半分に当たる額だから、安易にホイホイ出すと言ったら、皆と溝ができてよくないだろう。

そこで私は、おもむろに眼鏡をクイッと上げると、眉間になるべくしわを寄せて、厳粛な声を作ってこう言った。「科学の発展のため、このような機会を逃すのは、痛恨の極みである。調査の重要性を考慮し、滞在費などを切り詰めれば、この調査費は捻出可能である。いま私は、ここに宣言する。アルタイで雪腐を探そう！」この後、オレグはさっそく、他の人たちを連れて、タクシー代を値切りに行った。

昼食という概念はありません

ノボシビルスク市街を出ると、道は徐々に未舗装に変わっていく。私たちは結局、タクシーをチャーターしてバルナウルに向かっている。

お昼少し前、山道を登って、アルタイ山脈の麓にある研究所に着いた。女性の研究者が出迎えてくれ、研究所で簡単な打ち合わせをした。紅茶と一緒に、草加せんべいみたいに大きなクッキーが大皿で出てきて、皆むしゃむしゃと食べている。これからお昼なのに、皆甘いものが好きだなとあきれていると、これから野外に出るという。

そそくさと採集の準備をして圃場に出る。そしてそこで2時間ほど、雪腐を採集する。ここではイシカリエンシスはなく、ボレアリスばかりだ。ああ腹が減ったと思っていると、よそに移るという。昼ごはんかと期待していると、どんどん人里離れた山に入っていく。たまりかねてオレグに「昼ごはんは食べないのか」と小声で聞くと、「さっきクッキーを食べただろ」と聞き返される。は？と思っていると、彼は「ロシアに昼食はないのだ」と畳みかける。うそだろー！　そんなこと、私はちっとも知らなかった。

しかし、妙に納得もした。ロシアのホテルの朝食は、厚さ5㎜ほどの薄い黒パンが2枚(2枚あわせてサンドイッチ用食パン1枚分)と目玉焼き1個、それにサラダがちょっぴり、それだけだ。これで昼食なしでは皆、身体が持たないだろう。だからみんな、あんなにクッキーをがっついていたのか。

郷に入れば郷に従えだと思い、この日は夕方まですきっ腹を抱えて採集。そしてこの日を境に、調査のときに食べ物が出たら必ず食べることにした。書物では得られない体験があるものだ。

調査費捻出作戦

報告書が書けないような出張は、公費ではできない。だから、雪腐病菌がシベリアにいるかどうかもわからない状態で、雪腐病菌を探すという名目で研究費を使って出張するのはリスクを伴う(なんかなあと思うところもあるが、国のシステムでは、形式上失敗しないことになっている)。だが、そのリスクを避けるために自腹で調査に行くと、家計にリスクが生じる。幸いなことに、1度目のシベリア行きでは家人から快諾を得たが、私の家庭での評価は小豆相場と同じで、いつ大暴落するかわからない。ロシアとの物価の差もあり、オレグの滞在費など一部を私が肩代わりしていたが、これもいつ風向きが変わるかわからない。

そこで私は、初のシベリア調査の翌年、オレグが北農研による招待でまた札幌を訪問した折に、私の家にも呼ぶことにした。オレグとの最初の調査で、彼の人となりがだいたいわかったので、この作戦は使えると思っていた。

最初にも書いたように、私の周りにロシア人をよく思う人はあまりいない。そこへ、プーチンとは正反対の、押しの弱そうなロシア人のおじさんが、つたない英語でとつとつと、ロシアでの研究や暮らしぶりを話したらどうだろう(彼は、ロシアのおじさんにありがちなように演説をぶったり、話の途中でテーブルをこぶしで叩いたりしない)。彼はビールを好み、ウオッカみたいな濃い酒を飲まないので、アルコールが入って陽気になっても荒れることがない(見習いたいものだ)。食事の後は、まだ幼かった娘と、何の動物の絵を描いているか、互いに当てっこをしていた。期待通り、もともとはロシア人の訪問に乗り気でなかった家族だったが、オレグが帰った後、彼の評価は急上昇した。

「オレグさんは、いい人だねぇ。あんたみたいに濃い酒を飲んで管巻かないし。私のロシア人観は一変したよ」

「そうでしょ(だから前から言ってるのに……)」

「自分の国が大変なときに、それでも研究を続けるなんて、すごいよね。それも雪腐なんて誰も見向きもしないモノをやるなんてさ」

「まあね(それ前に説明したよ。それに聞き捨てならないことをさらっと言うなあ)」

「自分の国が変わったことで、いろいろと思うこともあるのに、そんな素振りを微塵も見せないのは、いいなぁ。私は、絶対応援するよ。あんたも見習って一緒にがんばりな」

「はい……(それも前にオレが言ったのに!)」

酒を飲むにもほどがある

ロシアでの2度目の調査、薄暗いバスターミナルにて。私は仏頂面で、キャベツ入りのピロシキをかじり、ビールを口にした。ここはチュバシ共和国チバクサーレで、オレグと私は、マリ・エル共和国ヨシカララ行きのバスを待っている（私がファンタジーの世界にイッてしまったのではなく、ロシア連邦に実在する地名だ）。ときは朝の4時半。早朝だから機嫌が悪いわけではない。朝からビールを飲むほど、常時アルコールを欲していないからだ。揚げパンには牛乳が合う（給食のグルメも同意見だ）。私とオレグがあれだけ念押しし、なければ紅茶でいいと言ったのに、牛乳よりビールのほうが安いからというだけで、ビールを買ってくる人がいる（当時はビールが清涼飲料水だったせいもあるかもしれない）。オレグは私に、「あいつらアル中だ」と小声で言った。ロシアの旅は、油断すると血中からアルコールがなかなか抜けない。

この調査では、サンクト・ペテルスブルグで落ち合い、シベリア鉄道で東のエカテリンブルグに向かう手筈になっていた。オレグからのメールでこの調査予定を読んだとき、私は胸の高鳴りを押さえられなかった。心肺機能の異常ではない。シベリア鉄道に乗るのだ！　この調査には、ロマンがある！

こんな行程になったのは、この時点で私がノルウェー留学中だったため、またもや自腹で調査する羽目になったからだ。「あまり金のかからない調査にしたい」とオレグに事前に相談したところ、鉄道で移動する旅程が組まれたのだった。

ヨーロッパからウラル山脈を越えて、シベリアにちょっとだけ入る鉄道の旅。すさまじく時間がかかる。長時間の車中(むろん金がないので3等車)では、見ず知らずの人たちが、互いに話しながら打ち解けていく。ロシア人の強面《こわもて》に見える姿は、人見知りの裏返しで、実は話好きで気さくな人が多いことがわかってきた。失礼を承知で言えば、ロシア人の大半は、「内気な気のよい田舎者」なのだ。

オレグと話をしながら車中を観察していると、やがて、私たちの英語の会話が気になるのか、向かいの精悍な感じの細マッチョのおじさんが話しかけてきた。「お前はキターエ《中国人》か?」と聞く。「いえ、ヤポニ《日本人》です」と答えると、周りが一瞬静かになった。ここロシアでは、中国人の商売人は多い。ベトナムの人も多い。けれども3等寝台に乗るような日本人は、滅多にいないのかもしれない。おまけにロシア語の通訳つきだ。細マッチョを含め、周りにいた人たちはその後、いろいろなことを私に聞いた。そして私は、知っていることを答えた。やがて細マッチョは、「アフガン戦争は日本でどう報道されているのか」とたずねた。彼のシャツの下にはボーダー柄が見える。私は、「ロシア版ベトナム戦争だ」と答えた。彼は、自分はアフガニスタンから復員したと言った。

ずいぶん話をしたのだろう、窓の外は暗くなっている。喉が渇いたなと思っていると、細マッチョが飲もうと言い、その瞬間、オレグの目に警戒の光が走った。私もお金を出すと言うと、細マッチョは「いいから」と、鷹揚に手を振って席を立った。戻ってきた彼は、ウオッカを5本も抱えている！　オレグはやれやれという顔をして、小声で「飲むなよ」と言う。

細マッチョは紙コップを配ると、ふと私を見て「ウオッカを飲んだことがあるか」と聞く。いやない、とオレグが勝手にうそを言う。そうかと細マッチョは言うと、私に向かって、「ウオッカの瓶を逆さにすると、空になるまでに泡が21個出る。1人何泡だと思う？」と聞く。私はウオッカが好きだ。ロシア料理屋だとショットで飲むので「2個」と答えると、「いや7個だ」と言う。つまり3人で1回乾杯をすれば、1瓶が空になる計算だ！

彼は、それぞれのコップの中ほどまでウオッカをなみなみと注ぐと、「君たちの調査の成功を祈って」と言い、パクっとウオッカをあおった。それを見て、オレグはしぶしぶコップを空にし、私もそれに倣う。うまい。高濃度のアルコールが食道を滅菌しながら降りていくのがわかる。細マッチョはもう次の瓶に手を伸ばしている。それからオレグが何かしゃべって乾杯し、次は私の番かと思っているところで、映写機が壊れたような断続的な映像の後(眠くて瞬きを繰り返していたのかもしれない)、私の記憶は途切れている。翌朝、私は通路で寝ていた。よだれの痕が口元から床につながっている。頭はふらふらするが、吐き気はしない。口元を拭うと、いい朝だと思った。

チバクサーレ駅に着くと、迎えらしい人はいない。オレグが電話すると、植物園の人たちは私たちの到着を忘れていたらしい。植物園にはいま車がないので、バスで園に来てほしいと言う。

それでもどうにか植物園に到着すると、車を確保したので調査へ行けるとのこと。そこで調査の打ち合わせをし、それが一段落すると、圃場に出る前に食事しようという。時間的にはブランチで、酔いも

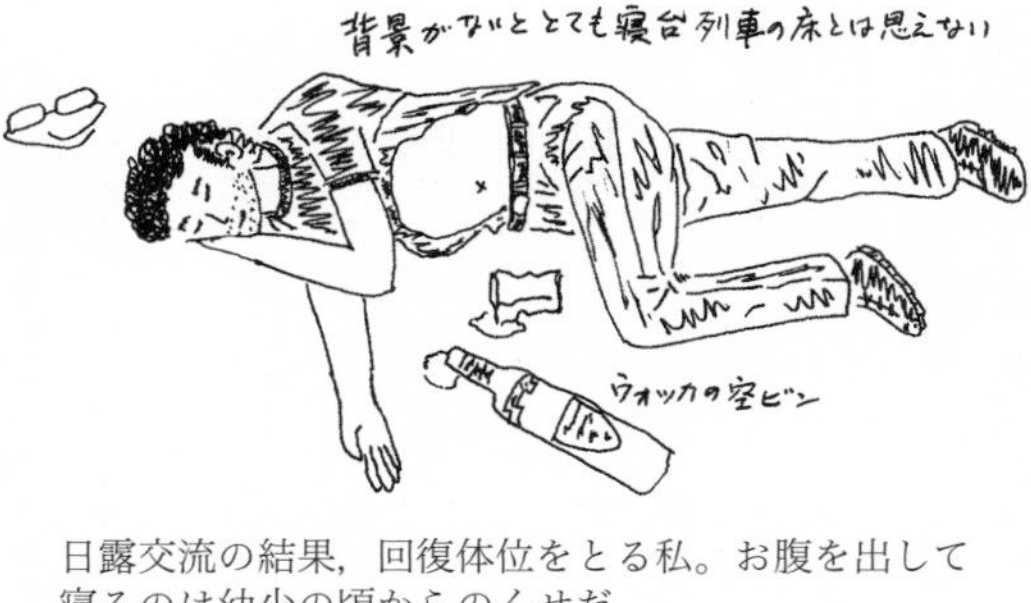
背景がないととても寝台列車の床とは思えない
ウォッカの空ビン

日露交流の結果，回復体位をとる私。お腹を出して寝るのは幼少の頃からのくせだ

さめてちょうどいい。

紙袋から黒パン、干し肉、ソーセージの缶詰など、おいしそうなものがぞろぞろ出てくる。それにペットボトルのビール……まあ、一杯だけなら大丈夫だろう。私以外は強いだろうし。そして……ウオッカがまた5本!

待て! ちょっと待ってくれ。5人しかいないのに5本かよ。これはまずいよ、昨日の二の舞だろ。だいたいこれから皆で車に乗って、外に行くんだろ。オレグに聞くと、当然、ロシアでも飲酒運転は違法だという。しかし皆に聞けば、大丈夫だという。何が大丈夫なのかまったくわからない。私が何かをごまかす時の対応に若干似ている。運転手は別なのだと思い込むことにすると、昨日のように挨拶と乾杯のループが続く。私は最初の一杯だけ飲んで(これがやばいことに旨いのだ)、あとは口をつけて、それらしくのどを上下させていた。圃場で酔っ払って雪腐病菌を採集できなかったら、何のためにここに来たのかわからない。

ウオッカが空になったところで(本当に飲んでしまった)、オレグが気を利かせ、皆を調査に行くように促した。そうでなければ、園長はもう5本持ってきたに違いない。明らかに私たちの訪問は、皆が飲むための出しにされている。

やれやれやっと調査だよと思っていると、隣に座っていたおじさんが上着から車のキーを取り出した。ぎょっとする私を見て、彼は茶目っ気たっぷりにウインクした。少なくともオレグと私は、無事に雪腐にめぐり合えますように。私は調査用のリュックにつけた利尻山神社の学業お守りを握った。こんなことなら交通安全にすればよかった。

人はよい、マフィアさえやさしい

繰り返しになるが、ロシア人は見かけによらず、親切な人が多い。政治的にも経済的にも面倒なことが多いので、それだけに仲間うちで助け合うことが多いからかもしれない。

チバクサーレの植物園では、公用車がすべて故障しているという。ここでは、ホップの地下茎に発生するガマノホタケを探す予定になっていた。どうやって郊外のホップ畑に採集に行くのかと思っていると、ヒッチハイクをするという！　そんな馬鹿なと呆れていると、たいして待たずに目の前に車が止まる(それも知り合いではない)。方向が同じだと、わりに簡単に乗せてくれる。これを繰り返すと目的地に着いてしまった。車中ではヤポニを連発していたから、私を出しにしていることには違いないが、それでもお金もとらず、皆笑顔で握手して別れた。

調査の帰り、またヒッチハイクで帰る途中、別の車が故障したのか、ボンネットを開けて路肩に止まっていた。運転手が「止まっていいか」と私に聞く。なぜ私にと疑問に思うが、お客さん扱いなのだろう。こちらはタダで乗せてもらっているのだから、もちろんまったく問題ない(問題があるのは、植物園にエンジンが稼動する車がないことだ)。そして結局、運転手同士で話をして、私たちが乗せてもらっている車が、故障している車を引いて街中に戻ることになったらしい。なんていい人なんだろう。どうしてこんなに親切な人が住む国が、あんなに悪いイメージなのだろう。

チバクサーレから、バスに乗ってヨシカララへ(先のバスターミナルでの一コマは、この時のものだ)。ヨシカララでは、ボルガ州立大植物園のリューダさんのお宅にご厄介になって調査を進めた。オレグとリューダは植物園関連の研究集会で何度か会っており、顔見知りなので、気安く泊めてもらう交渉ができたらしい。調査を終えて、買い物などを済ませ、ご自宅へと向かう。大人2人が泊まれるくらいなのだから大きなお宅かと思っていたら、家族4人(うち1人は赤ちゃん)の1LDKに転がり込むというので大変恐縮した(オレグはしていない)。

リューダから夕飯前にシャワーを浴びろと言われ、準備していると、洗濯物を出しておくよう指示される。オレグはこの時とばかりにいろいろ出していたが、私はシャツ1枚、Tシャツ2枚だけ出しておく。するとパンツも出せと言われて、とても恥ずかしい。このとき、私は十分なおじさんに成長していたのだが、未だに十代の乙女のような恥じらいを持っていたのだ。菌たちを探しに外国に来て、自分の知らない自分に気づくこともある。不思議なものだと思いながら、リューダの旦那さんとオレグと私で、台所で川の字になって寝た。

ロシアは曲がりなりにもヨーロッパで、個人主義が強いのかと思っていたら、プライベートなど(少なくともこの時は)まるでないのだった。いつも皆に囲まれていると、無性に1人になりたくもなった。師匠や父に言わせれば、昔の日本では個室などほとんどなかったし、その分濃密な人付き合いがあったという。大戦直後の日本は、こんなふうだったのだろうかと思った。

ヨシカララの植物園の厚意で、植物園が現金収入確保のために作成した山積みの柳細工の家具やら籠《かご》やらと一緒に私たちもトラックに詰め込まれ(誤字ではなく、本当に

柳細工とともに運搬される私たち。15分後，白抜きのところから発掘される予定

こんな感じだった)、タタールスタン共和国のカザンに移動した。道中ずっと、半乾きのニスの臭いで酔いそうだし、体勢が荷物で固定されて身動きもとれない。車が揺れると荷が動いて、身体のポジションがより悪くなる。

苦行の末到着したカザンでは、植物園の人が相手にしてくれず(個人的には、自分たちに興味のないことを適当にあしらおうとする、この対応が普通だと思う)、困っていたら、出入りの業者のおじさんが自分の車で圃場などを案内してくれ、十分な調査を行うことができた。この人も見返りを求めない人で、「自分の生まれ故郷で外国人が困ってたら嫌だよ」と言っていた。こうしてオレグの計画は、かなり行き当たりばったりのようでいて、なぜか順調に進んでいく。

カザンからまたシベリア鉄道に乗り、今回の最終目的地エカテリンブルグに着いたのは、日曜の朝だった。嫌な予感が当たり、誰も迎えに来ていない。オレグが植物園に電話しても、休日なので当然誰も出ない。降車客は三々五々去っていき、ホームの人影は数えるほどに少なくなった。「今日はホテルに泊まって明日、植物園に行こう」と言うと、オレグは「ホテルは高いから」と不服そうだ。でも行くところがないし、困ったなあと思っていると、ホームにいたおじさんが私たちに声をかけてきた。この人は、車内で隣の席に座っていた人で、ポーランドと貿易していると言っていた。オレグとなにやら話した後で（私は安いユースホステルなどを紹介してくれることを期待していたが、ある意味予想通りに）、彼の自宅に泊めてもらうことで話がまとまった。

たしかに彼は見ず知らずではない。しかし、限りなく見ず知らずに近い。知らない人について行ったらいけないのは、子供だけではない。小声で「やめたほうがいい」と言っても、相方は聞く耳を持たない。結局、その日は誰もいない植物園で調査をして、彼の家に厄介になることにした（一応その前に、ホテルに値段を聞きに行ったが、1部屋20ドルと言われた瞬間、オレグは彼の家に泊まることを堅く決意した）。

駅でまたおじさんと合流し、食事をしてから、彼の家に行った。豪華な一戸建てで、彼と弟の2人で住んでいるらしい。弟が帰ってきて、お茶を飲みながら少し話をする。そして空き部屋を寝室として使っていいと言われ、寝具を渡された。ここへ来て私はかなり警戒心を解き、彼はやはりただの親切なロシア人かと思い始めていた。

ところが深夜、オレグと枕を並べて寝ていると、玄関のドアを乱暴に叩く音がする。何事かと息を潜めていると、ドアを開けた例のおじさんと、訪問者の数名が大声で話し合っている。会話はわからなくとも、緊張した雰囲気は伝わる。だれかと話す彼の口調は、さっき私たちと話していた時とはずいぶん違う。

オレグは寝たまま、小声で私にこう言った。

「タモツ起きたか？」

「ああ。何かあったのかな。騒がしいね」

「うん。彼らは地元のマフィアらしいね。何やらやられたから、やり返すとか言ってるよ」

同時にバタバタと出入りする足音が聞こえる。

「ええ！」飛び起きそうになる私を制して、オレグが続ける。

「タモツ冷静に。まず窓際から離れて寝よう。もうここから出る電車がないんだ。

そして明日の朝一番に、何食わぬ顔で出かけよう。やっぱり、こんな立派な家に普通のロシア人が住めるわけないだろうな」

（わかってんなら、もっと早く言ってよ……！）文句を言いたい気持ちをぐっとこらえて、寝具をかぶった。寝られるかよ！と思っていたが、いつの間にか寝てしまった。何事もなく夜が明け、私たちは目一杯の作り笑顔で感謝の言葉を述べると、そそくさと退散したのだった。

ナイフをくわえてトイレに入りなさい

「ロシアは安全か」と聞かれれば、たぶん答えはノーだ。これまでの調査は、なんだかんだ言っても、オレグがいてくれたおかげで何とかやってこれたのだろう。

エカテリンブルグからモスクワに戻り、数日間、試料の整理をしてから帰国する予定だった。そこでオレグは、彼の所属するモスクワ植物園のゲストハウスを予約してくれた。ゲストハウスで手続きを済ませ、代金を払おうとすると、なんと1泊50コペイカだという。1コペイカはルーブルの100分の1の価値で、日本円なら1銭の感覚だろう。50コペイカは約7・5円。すさまじく安い。安すぎる。一瞬聞き間違えたかと思ったが、本当らしい。さすがのケチなオレグも驚いていた。

トイレとシャワーは共用だと説明を受け、鍵をもらうと、ジュルジューナヤ(各階ごとの管理人)のおばさんが私に「ナイフ持ってるかい」と聞く。はい、ありますよ、と自慢のアイヌマキリを渡す(主に木についたきのこなどを採集するための道具だが、雪腐病菌の採集にはあまり使用せず、リンゴを剝いたりしている)。おばさんはサヤから抜いて確認し、よし切れそうだねと言って返してくれた。あ! ひらめいた。トイレかシャワーの鍵が壊れているのかもしれない。ロシアでは、無駄にごつい南京錠がよく使用されているが、鍵がなくなっていたり、使用できないほどではないものの壊れていたりすることがままある。そんな時、ドライバーとかナイフでカチャカチャやれば開くことがある。

「鍵が壊れているなら、ドライバーがついたアーミーナイフもありますよ」と私が答えると、刃渡りの大きな刃物がいいのだとおばさんは言う。聞けば、ここは宿泊料が極めて安いので、また貸しに次ぐまた貸しが行われていて、管理人でさえ誰が住んでいるかわからないという。そんな住人の中には、明らかに怪しい人たちがいるらしい。おばさんが言うには、私の風体は明らかに外国人なので、金を持っていると思われ、トイレやシャワーの時に襲われる可能性がある。だから、用を足す時はそのナイフをくわえていろとのご忠告だ。

イヤだ！　こんなところには絶対泊まりたくない。オレグも同意見だったようで、顔を見合わせた後、声を揃えて宿泊をキャンセルすることにした。

後ろからは効果不十分

ナイフをくわえて，鏡に映る姿を自撮りする

じゃあどこに泊まるかというと、私はホテルを主張したが、オレグの納得する値段のところはない。その結果、私は彼の家に泊めてもらうことになり、モスクワ植物園で標本の整理を行った。当時はご健在だったオレグのお母さんが作ってくれた手料理を、オレグと毎日2回食べ（オレグったら、お母さんのことをママと呼んでいて、危うく噴きだすところだった。彼は少食だとずっと思っていたが、お母さんの

作ったものはバクバク食べていた。私の中で、彼に対するマザコン疑惑が生じ始めた)、彼の愛犬が普段使っているソファーベッドで寝た(そのため犬とは折り合いが悪かった)。この頃になると、誰かのお宅に泊めてもらうことへの違和感も薄れ始めてきたように思う。

飛行機は来ません。なぜなら……

それから何度もロシアを訪れた。サンクト・ペテルスブルグからウラジオストックまで、シベリア鉄道が結ぶ東西を、おおよそ2000㎞ずつ進みながら調査を行った。何度も訪れるうちにロシア慣れしたのか、ウオッカ臭い酔っぱらいが街角に座り込んでいるのを見て、ああ調査でロシアへ戻ってきたのだなと、不思議な感慨に浸るまでになった。もちろんその間には、世話になった方のお宅のバーニャ(ロシア版サウナ)で、互いの体をシラカバの小枝でむやみやたらと叩きあい、ウオッカを鯨飲し、ナマコだったら胃袋を吐き出して洗いたいくらいの二日酔いになったり、コミ共和国のスイクティフカルの町では、歩行者用信号機がちゃんと動いている(ロシアでは、私が知る限りここだけだったと思う)ことに感動してウオッカを飲みすぎ、二日酔いになったり、ウオッカが旨くて泥酔したり、理由は思い出せないが泥酔したり、と特筆すべき事件はなかった。

そして調査も残すところは、カムチャッカなど極東ロシアだけになった。チュクチ民族管区からサハリン州まで、この地はほとんど陸路でつながっていない。さすがのオレグも、空路で移動することに反対しなかった。この頃は、正式に仕事でロシア調査に行っていて(いや、それ以前も遊びに行っていたわけではないのだが)、旅費をやり繰りすれば、オレグの分を捻出することができた。家計に優しい状態が確保され、私は家人に、オレグはママに叱られる状況を回避することができた。

ハバロフスクを基点に、カムチャッカ、マガダン、そしてサハ共和国のヤクーツクと、極東ロシアを反時計回りに巡る予定を組んだ。今回はオレグのほかに、北海道立農業試験場におられたボレアリスの専門家、斉藤泉さんも一緒だ。

マガダンまで無事に調査を終え、現地の研究者の方々と打ち上げをした翌日のことだ。この日の午前中にヤクーツク行きの飛行機に乗るため、その前の晩は、現地の研究者の方のご自宅に、三人してまたもや泊めていただいていた(彼女が言うには、ホテルに迎えに行って私たちをピックアップするより、自宅から空港へ直接行ったほうがずっと楽だとのこと)。

荷造りを終え、朝食をいただいたところで電話が鳴った。この1本の電話で事態が急変する。早口のロシア語はわからないが、面倒くさいことが起きているに違いない。空港とか飛行機とか、部分的に聞きとれる単語からすると、私たちがこのやり取りの当事者である可能性がかなり高い。

電話が終わると、「今日はフライトがないらしい」とオレグが私たちに告げた。状況を確認するため、これから皆で空港に行くという。とはいえ、天候や機体繰りで欠便になることは予想の範囲内だったので、これならどうにかなるだろう、くらいに考えていた。

空港に着くと、係員と皆がやいやいやり合っている。どうも単純な欠航ではないらしい。やがて騒ぎが収まると、オレグは私たちに向かって、「飛行機がない」と言う。まあ、それは予想していたので、いつごろ来るのかを聞いてもらったところ、「半年後くらいには来るのではないか」と言う。なんだ、それは。理解できない。さらにオレグが言うところでは、「航空会社がつぶれた」という!

驚きのあまり、私は一瞬フリーズしてしまった。少し経って再起動した脳内で、いろいろなことを考える。ヤクーツクに行くつもりだったから、ビザの期間は十分だ。問題はオビールか。オビールとは、飲み屋で瓶ビールを頼んだ時に、妙齢の女性店員が注文を復唱する際に発する言葉ではない。ロシアに入国した外国人は、7日以内にビザを警察などに登録することが法律で決められている。マガダンでは最終日を除いてホテルに泊まっていたので、ホテルで手続きをしてもらっていたが、これを延長しないといけない。今回は外国人立ち入り禁止区域での調査許可ももらっていたので、いよいよ面倒になる前に手を打つべきだ――と、まずはここまで考えた。

警察か。ロシアで警察には関わりたくない。自慢ではないが、私は警察のご厄介になったことなど一度もない。事件らしい事件は、せいぜい高校生の時、飲酒と喫煙で停学になり(その際に父から「代々貧乏な家系なのだから、この際どちらかを選ぶように」と迫られ、私は飲酒を選択し、今日に至っている)、また、大学院生時代に先生宛のお歳暮を皆で盗み食いしたくらいで(北大水産学部の故・信濃晴雄教授は大変な人格者で、明らかに日を追って軽くなるビールの箱の謎を解くことをなさらず、鷹揚に構えておられた。私もそうなりたいと思っているが、道は遠い)、いずれももう時効だろう。海外のそれもロシアで、何をどう考えても潔白なこの身でも、警察の世話にはなりたくない。だいたい、私はロシア語を(限りなくゼロに近く)話せないのだ——。

ここまで考えたところで、一度戻って作戦会議をすることとなった。

討議の結果、出てきた解決案は以下の2つだ。

①マガダンからハバロフスクに戻る。

②研究所の車(年代物のバン)でマガダン州とサハ共和国の境界まで行って、その後、自力!でヤクーツクに行く。

「どうして、研究所の車でヤクーツクまで連れていってくれないのか」と聞いたら、「この車は、マガダン州内を移動する許可しかない」とのこと。この辺のお役所仕事ぶりは、母国も同じなので理解できる。マガダンからヤクーツクまでは、確かに地図上ではコリマ街道でつながっている。ただ、マガダン市街を出た途端、道は未舗装になる。そしてその先、ヤクーツクまでの距離はなんと2000km以上ある……。

はたして、サハに入って車を調達できるのか? さらに、コリマ街道は何本かの川をまたいでいる。増水で橋が流されてしまっていたら、渡る手段があるのだろうか。そしてそんな苦労の末にヤクーツクへとたどり着いたとしても、今から1週間後に帰国の予定だ。陸路1週間で、マガダンからヤクーツクまで行って、日本に帰ってこられるのだろうか？

総合的に考えると、ハバロフスクまで戻ったほうがリスクが低そうだ。斉藤さんも同意見だ。オレグは珍しくチャレンジ精神を発揮し（サハまではタダだからだろうか？）、境界まで行くことを主張したが、折れてもらった。

後日、同様の行程で水文学《すいもんがく》の調査をおこなった北見工業大学の方の話を聞く機会があった。案の定、橋は何本か落ちていて、水陸両用車！で移動したとのことだった。時期が異なるので単純に比較はできないが、賭けをしなくて本当によかったと思った。

＊

ハバロフスクで、チケットの手配をした旅行代理店「インツーリスト」へ返金の手続きに行った。ソビエト時代は国営企業だったこの会社は、それまではつっけんどんな対応が多かったのだが、今回、係員が状況を確認すると、私たちに対して「どうも申し訳ありません」と英語で言うので、斉藤さんも私も感動してしまった。ロシア人成人は、友人以外の外国人に対して公的な場では絶対、タダで謝ることはないと固く信じていたために、ロシアも変わったなあと、すがすがしい気分になったのだった。

しかしオレグは、私の意見に対して異論があるようで、ふくれっつらで「普通の対応だ」とうそぶいた。

ついに拘束される

翌年、再度のヤクーツクと、さらにアラスカの対岸のチュクチ半島にあるアナディールでの調査を企画した。しかし渡航2ヶ月前に、オレグから厄介なメールが入った。招待状を準備できないというのだ。

ロシアのビザは、観光・業務・通過などさまざまな形態がある。調査に行くのだから、もちろんこれまでは業務ビザを取得していた。そして業務ビザの申請には、オレグの職場であるモスクワ植物園からの招待状が必要なのだ。

私の調査が、ロシアの国益を損なうと判断されたのだろうか？　しかしロシアは、こと菌類調査に関しては、過去に先進国に資源を勝手に持っていかれた熱帯の国々などと比べるととても鷹揚なはずだ。

はたして理由は、そうでなかった。招待状担当係が、盲腸で入院して時間的に間に合わないのだそうだ。

なんだそりゃ？　代わりはいないのか？　モスクワ植物園は、仮にも天下のロシア科学アカデミーの1機関ではないか。だいたいこちらは半年も前から準備しているのに、なんだ、この体たらくは！と一喝したいところをぐっとこらえて、次の手を考える(実際は、怒りに任せて英語のメールを書いても、適当な文法や表現、単語を探しているうちに怒りが静まって面倒くさくなっただけだ)。融雪に合わせて調査するとなると、やはり手続きが簡単な観光ビザで入国するより他ないだろう……。しかし予想にたがわず、厄介な事態が待っていた。

モスクワでオレグと合流し、空路でヤクーツクへ向かった。今度は無事に到着し、現地の研究者と打ち合わせをする。と、案の定、私のビザの種類が問題になった。観光ビザでは行けない(正確には通過できない)場所があるのだ。

というのも、サハ共和国には金やダイヤモンドなどの豊富な地下資源がある。それゆえ、これら地下資源の採掘所の周囲20㎞ほどは、外国人立ち入り禁止区域になっているのだ。調査地に行くための道路が、運悪くこのエリアにかかっている。無許可で道路を通ったら逮捕されるし、迂回路はないという。最初、オレグと私は冗談かと思っていたが、皆真剣な顔をしている。本当なのだ。オレグは「何とかならないか」と皆に言っていたが、「検問所で見つかったら、かなり面倒なことになる」と言われて黙るしかなかった。やれやれ。とにかく、許可のいらないヤクーツク周辺の圃場を調査した。ここではまったく雪腐病菌に巡り合わなかったが、これは予想の範囲内だった。雪が少ないことと、土壌凍結が深いことが原因だろうが、いずれにせよ調査数が少なすぎる。また来ないといけない。

その後、ヤクーツクからチュクチ半島のアナディールに移動した。ここに来てから、どうもオレグの機嫌が悪い。「ここは田舎なのに人が悪い」と彼は言う。確かに誰も、私たちの面倒を見てくれない。でも、グリーンランドでの私の調査もこんな感じだった、と私が言っても、彼の気はおさまらない。

確かにここアナディールに着いたとき、空港には誰も迎えに来ていなかった。そこで私たちはバスで市街地に移動し、現地の研究所へ向かったのだった。ここでは「菌類採集の許可と宿の紹介はするが、後は勝手にしてくれ」と言われ、オレグは憤慨していた。しかし私は、いろいろ世話を焼かれたり、指示されたりするよりも、そのほうが楽だろうと思っていた。また彼は、「ここのホテルは(自分の基準からすると)法外な値段で、近くの食堂もボッている」と言う。しかし私は、そうではないと思う。少なくとも、食材の多くはシベリア南部か、もっと遠いヨーロッパ側から運んでいるものだ。運賃がかかるので、値段もよけいに高くなる。それに、北極圏で町を維持するなら、ある程度の給料を払わないと人は集まらないだろう。僻地に行ったら純朴な田舎者が住んでいて、なんでも安いと思うのは、都会の人間の勝手な思い込みだ。

話しているうちにオレグが「お前はどっちの味方なんだ」と言う。どうしてそんなことを言うかなあ。ああ、面倒くさい。ここでは、雪腐病菌が採集できることが救いだ。海沿いの草地でイシカリエンシスが採集できた。採集の間は口喧嘩もなく、平和に過ごすことができる。

十分に雪腐を採集し、アナディールからモスクワに戻る日に、事件は起きた。

この日は天気もよく、8時間後にはモスクワに戻れるので、オレグも機嫌がいい。無事チェックインを済ませ、機内に持ち込む手荷物とそうでない手荷物に分けて、X線装置を通したところ、係員から「このリュックサックにナイフがあるので、出して見せるように」と指示がある。まあ、機内持ち込みでないのだから、確認の意味なのだろうと思い、リュックを開いてナイフを渡した。係員のおじさんはオレグの説明を聞きながら、私のアイヌマキリをサヤから外して、刃をじっくりと見る。そして「これは機内に持ち込めません」と宣言した。それはこちらもわかっている。しかし彼はその上で、「これは預かっておくので、この書類にサインをして2週間後に、ここに、ここに取りにくるように」と続けたのだった。

（機体に持ち込めないって意味か。何言ってんだ、この人は。これから、俺たちはモスクワに戻って、その後で俺は日本に帰るんだよ……。）私がイライラしはじめたところで、このやり取り（とこれまでのストレス）に、ついにオレグがぶち切れた。そして係員からナイフを取り上げると、私の胸に押しつけて、「こいつは、タモツのナイフが欲しいだけだよ。これはお前がもっとけ！」と叫んだ。これが英語だったのか、ロシア語だったのかは、今や正確には思い出せない。

不意のことに私は動転し、係員はホイッスルを吹いた。ピッピ――っと甲高い音が、小さな空港のロビーに響き渡ると、乗客の視線は私たちに集中する。すぐにドアが開くと5〜6人の警官が出てきて、私たちは直ちに取り囲まれた。（こりゃ、今日中にモスクワに帰れないな）と、私は観念した。

警官に連れられ、空港内の警察署の一室に移されると、パスポートを見せろと言う。素直に従うと、警官は、私の赤い表紙のパスポートを見て驚いている。「お前は日本人なのか」。「そうです」（私を地元のチュクチ人と間違えていたのかもしれない。それくらいシベリアには、アジア系が多いというか、もともとアジア人のシマにロシア人が入り込んでいるわけだ）。外国人は上の階のKGBが担当のため、直ちに移動する。

KGBの小ぎれいなオフィスで、私たちは係員の尋問を受けた。係員がロシア語で質問し、オレグが英語に翻訳し、それを聞いて私が英語で返答し、これをオレグがまたロシア語に翻訳する。私が手帳を見ながら、これまでの調査の過程などを説明し、オレグがそれをロシア語で補足した。

私たちの話を20分ほど聞くと、係員は「問題ないので、ナイフは返す」とロシア語で話した。妥当な判断だと思う。なんでも彼は、私たちと同じ便でモスクワに行くという。そして彼はこの後、実に流暢な英語で、「ようこそ、チュクチへ。ここはいかがですか？」と私に言ったのだった。

ぞっとした。よく考えれば、チュクチ半島の対岸はアラスカなのだ。KGBの人間で英語が話せないわけがない。英語がわからないフリをして、オレグと私の英語の会話、オレグのロシア語の説明に齟齬がないか確認していたのだろう。

係員は、私に向かってさらにこう言った。「あなたは観光ビザで入国しているため、ここで採集したコケなどを持ち出すことはできません。ゆえにここで没収します」

オレグは自分の標本や貴重品をよく置き忘れるので、一緒に調査に出る時は、財布やパスポートを含め、貴重品や標本のすべてを私が預かることが多い。だからこの時も、標本のいっさいは私が持っていた。ここでの苦労が水の泡になると思ったオレグは係員に抗議したが、私は没収をおとなしく受け入れることにした。こうなったら、安全に撤収することを第一に考えたほうがいい。それに、コケなどの標本は没収されても、雪腐病菌の標本は、リュックの中のとは別に、私の上着の胸ポケットにも入っているのだ。前に書いたが、ガマノホタケの菌核は、植物の種子と同様、十分に乾燥させれば生きている。アナディールのイシカリエンシスは、私たちにとってとても重要な標本だったので、荷物の紛失などで失いたくなかったのだ。途中でオレグもこのことを思い出したのだろう。抗議をやめて、早々にここを出られるように振る舞った。

無事釈放されると、なんと予定の飛行機に乗れた。ずいぶんと緊張を強いられたが、たった1時間弱のことだった。座席につくとオレグが、「菌核は上着の胸ポケットに入っているんだろう?」と聞く。2つ前の席には、あのKGBの係員が乗っている。私は(このバカチンが、と思いながら)「その話は後にしよう」と打ち切った。オレグはモスクワに着くと急に生き生きとして、直ちに家に戻ると、お母さんに今回の騒動を説明していた。

今回の教訓として、標本は小分けにし、一部は肌身離さず持つべきだと身にしみて感じた。菌核は小さいので、紙に包んで小粋な彫りの印籠にでも入れたらいいのかもしれない。さっそく、帰ったら探してみよう。でもこれは、調査経費にはならないだろうなあ。

ぷちっと！豆知識2　海外から試料を持ち帰るためには

植物病原菌の研究をしていて、海外に調査に行くと言うと、よく「試料・標本は持ち帰れるのか」と聞かれる。答えは、「研究のためであれば、日本と相手先の国できちんとした届け出を行えば、問題なく持ち帰ることができる」。海外で微生物を含む土壌などがついたものは、植物防疫法の対象となる。空港のパスポートコントロールの傍には、これを書いたリーフレットがあると思う。でも、植物病原菌が逃げられないような研究用の設備があれば、許可を得ることができる。

一方で近年は、生物多様性条約のため、調査を実施した国によっては、試料・標本を持ち出す際に手続きが必要になる。ロシアの場合、国外への持ち出しは、オレグの所属するモスクワ植物園で判断されるが、サハ共和国など、連邦内の地域によって独自の法律を設けている場合も多いので注意が必要となる。また、菌株を国際的な保存機関に寄託する際や、あるいは論文中にも、相手国の同意を得て採集した旨の記述が求められる。だから、勝手に菌を持ち出すことはもうできないのだ。昔の常套句だった「旅行先で履いた靴の底についた土から菌を分離した」というようなことは、今はないと思う。

イシカリガマノホタケのたどった道

これほどまでに苦難にみちたロシアでの調査によって、雪腐病菌はユーラシア大陸に広く分布することがわかった。南のほうの積雪の少ないところではインカルナータが多く、北上するにつれてイシカリエンシスとボレアリスが増えていく。

イシカリエンシスについては、これまでに知られていた交配型Ⅰ・Ⅱに加えて、両者とも交配しないグループ(交配型Ⅲ)が北極圏に分布することがわかった。このうち交配型Ⅰは、北半球(ユーラシアと北米)に広く分布し、宿主特異性も広い(単子葉から双子葉植物や木本類《もくほん》まで感染できる)。ただ、この交配型がどこで発生し、どのように分布を広げていったかは、未だとんとわからない。

一方、単子葉植物にのみ感染する交配型Ⅱの分布はより限定的だ。一見、断片的にも見えるが、北米を中心に考えると分布がつながる。幾度かの氷河期でユーラシアと北米が分断された際、北米の乾燥した草原に適応したグループが交配型Ⅱとなり、そこから一方はアイスランド・スカンジナビア方面へ、もう一方はベーリンジア(ベーリング海峡が陸つづきだった時代のベーリング陸橋)を経由して極東方面へと移動したのだろうと、私は考えている。

北極の環境に適応し、やはり単子葉植物に感染する交配型Ⅲは、北極圏に広く分布するほか、低緯度のスイスやカザン・ヨシカララなどでも採集された。交配型Ⅱがいない地域の場合、札幌とたいして変わらない気候でも、交配型Ⅲが分布しているようだ。カザン・ヨシカララもそうした地域だった。交配型Ⅲの分布はカムチャッカまで、サハリンより南では、交配型Ⅰ・Ⅱしか見られない。想像力を駆使して妄想するに、交配型ⅡとⅢは、北極圏以外ではそれぞれ同じ餌を奪い合うライバル同士で(交配型Ⅰは双子葉植物も食べることができるので、この喧嘩に参加しなくてもいい)、どちらかが先に進出した地域では、後から来た交配型は押さえ込まれてしまうのかもしれない。

採集したイシカリエンシスの遺伝子配列を調べていて驚いたことがある。同じ交配型の中では、遺伝子には地理的な差がほとんどなかったのだ。

師匠と私は当初、アジア・欧州・北米のイシカリエンシスの遺伝子型の地理的な分布と地史的な情報を統合して、幾度もの氷河期をまたぐイシカリエンシスの移動ルートを予想できると考えていた。しかし、イシカリエンシスはどうも進化速度が遅すぎて、そうした予想は難しいようだ。ある周期で親世代が死ぬ動物とはちがって、菌類では、親世代が寿命で死ぬことが知られていないものが多い。ひとたび環境に適応した集団があっても、親世代と交配することで、

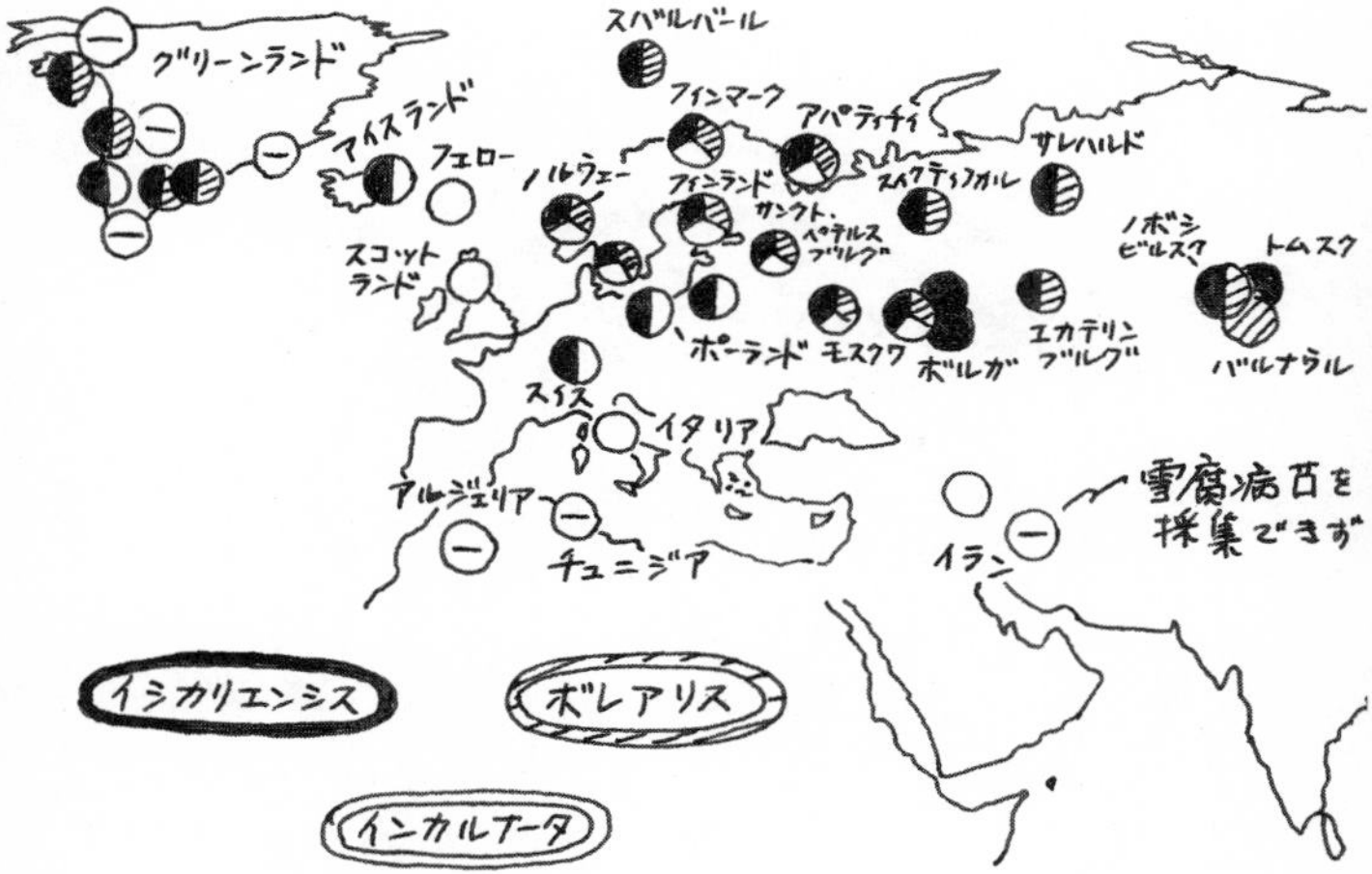

私たちが調査した地域(〜 2015 年)

変化がキャンセルされているのかもしれない。もの言わぬ菌たちと対話しながら、お迎えが来る前には、全貌を明らかにしたいものだ。

番外編　ケベック最高!

というわけで2000年前後の私は、毎年のようにロシアに調査に行っていた。よくわからない理不尽な出来事に遭っても、とにかく雪腐病菌を採集するためには、仕方のないことだと思っていた。

ところが2001年、雪腐の国際会議(正確には植物と微生物の低温適応会議)のためにカナダのケベッ

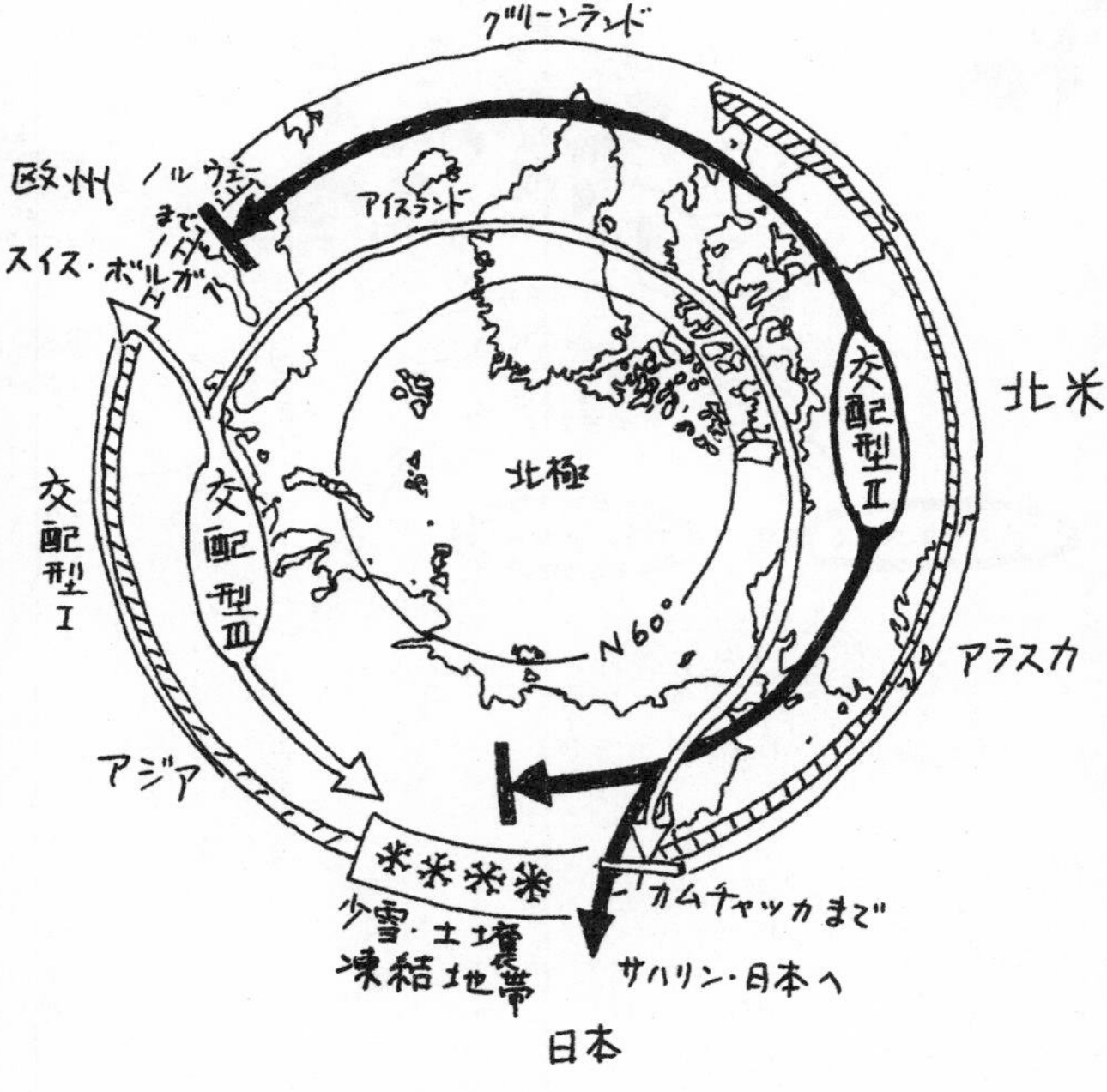

北半球でのイシカリエンシスの分化と拡散の予想図

ク・シティーに行って衝撃を受けた。ケベックはとにかくもう、採集を含めて何もかも快適なのだ。同じ外国なのにこの差はなんだろう。

ケベック州はフランス語圏なので、フランス語を話す人が多い。だが英語で聞けば、たいていの問題は解決する。電車もバスも不自由なく乗れる。街中の戦場公園を歩くと、雪腐病菌が目につく。近づいてみるとイシカリエンシスが多い。夢中になって採集しても、絡んでくる酔っぱらいはいない。天気もよく、なんだか幸せすぎて泣きそうになってきた。ふと頭の中を、南沙織の「17才」のメロディーが流れ、レースが似合う女の子が、白く光る波打ち際を走りながら「つかまえに来て」と言うのを、追いかける自分の姿を妄想した(とにかくこれほどまでに、幸せな感じなのだ)。

大変残念なことに、人生の折り返し地点を過ぎた私の過去を振り返っても、一度もこのような甘酸っぱい思い出はない。男臭いラグビー部で、しかも水産学部だったのが、いけないに違いない。何はともあれ、私はケベックの町を歩きながら、師匠の言葉をしみじみと思い返し、ロシアの調査の大変さを噛みしめたのであった。

4

荒波こえて南極へ

はじめての集団行動

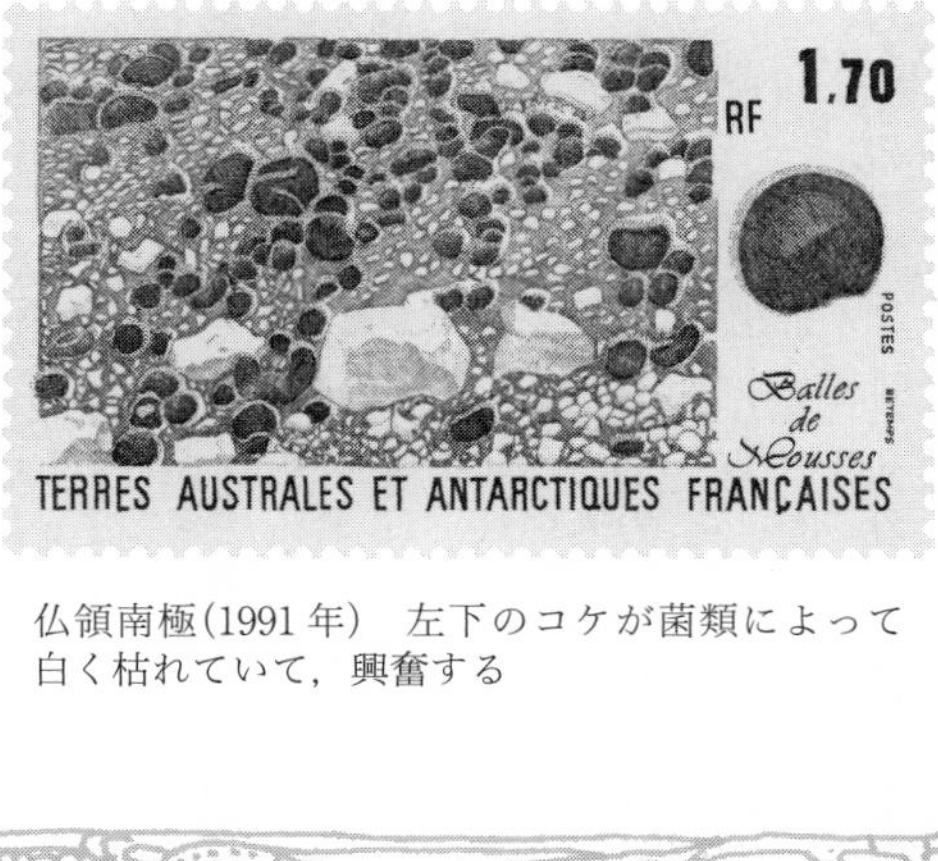

仏領南極(1991年)　左下のコケが菌類によって白く枯れていて，興奮する

代打、星野　中国南極考察隊に

個人的に恋は1つの例外を除き(いやそれさえ、もしかすると)、すべて一方通行だが、夢はまれに双方向なときがある(しかし、私がロシア大統領の側近になって、オレグなど多くの貧乏学者とその家族の暮らしを楽にするという夢は、未だ達成されていない)。

北極やシベリアで調査し、そこに住む雪腐の生き方を知り始めた頃、比較のために、もう一方の究極の寒冷地である南極にも行ってみたいと強く願っていた。その頃の私は、足取り同様、口軽く、舌の脂の乗りもよく、思考が言葉になって漏れまくっていたので、人に会うたびに、南極に行きたいと幼児のように言っていた。私の周りの方々には、そんな私を温かく、あるいは冷めた目で見守っていただいていたと思う(同じ状況は、なぜか今もあまり変わらない)。

そんなある日の昼下がり、北大の先生からかかってきた一本の電話で、事態は急転する。

「星野君、最近南極に行きたいって言いまくっているよね。本当に行く気ある?」

「はい！　あります！　万事取り計らって何が何でも……」

「そうか。極地研（国立極地研究所）から連絡があって、日本から中国隊に参加する生物学の隊員に急遽欠員がでて、探しているんだ。これに応募しないか」

「はい！　わかりました。直ちに応募します！」

「いや、星野君冷静に。まずは研究所の意向を確認しないとね」

さっそく上司に相談すると何やらとんとん拍子で、快諾に次ぐ快諾を得て、無事中国隊へ参加できることになった。出発の前日には、所属する研究部で闇鍋の壮行会までおこなわれ、納豆の入った餅巾着で盛大に送りだされた。

私が参加する第14次中国南極考察隊は、１９９７年12月〜１９９８年３月、砕氷船雪龍号《シェロン》（ドラゴンボールで呼び出せそうな名前で頼もしい）が中国の長城・中山の両基地へ補給するのに合わせて、野外調査をおこなう。おまけに物資の搬入のためもあって、ロシアのマラジョージナヤ基地にも寄るという、盛りだくさんのお得なコースだ。これに合わせて、それぞれの基地周辺でなるべく多様な生き物を集めてくるのが私のミッションだ。日本からは私のほかに、オーロラ観測を専門とする拓殖大学の巻田和男教授も参加された。

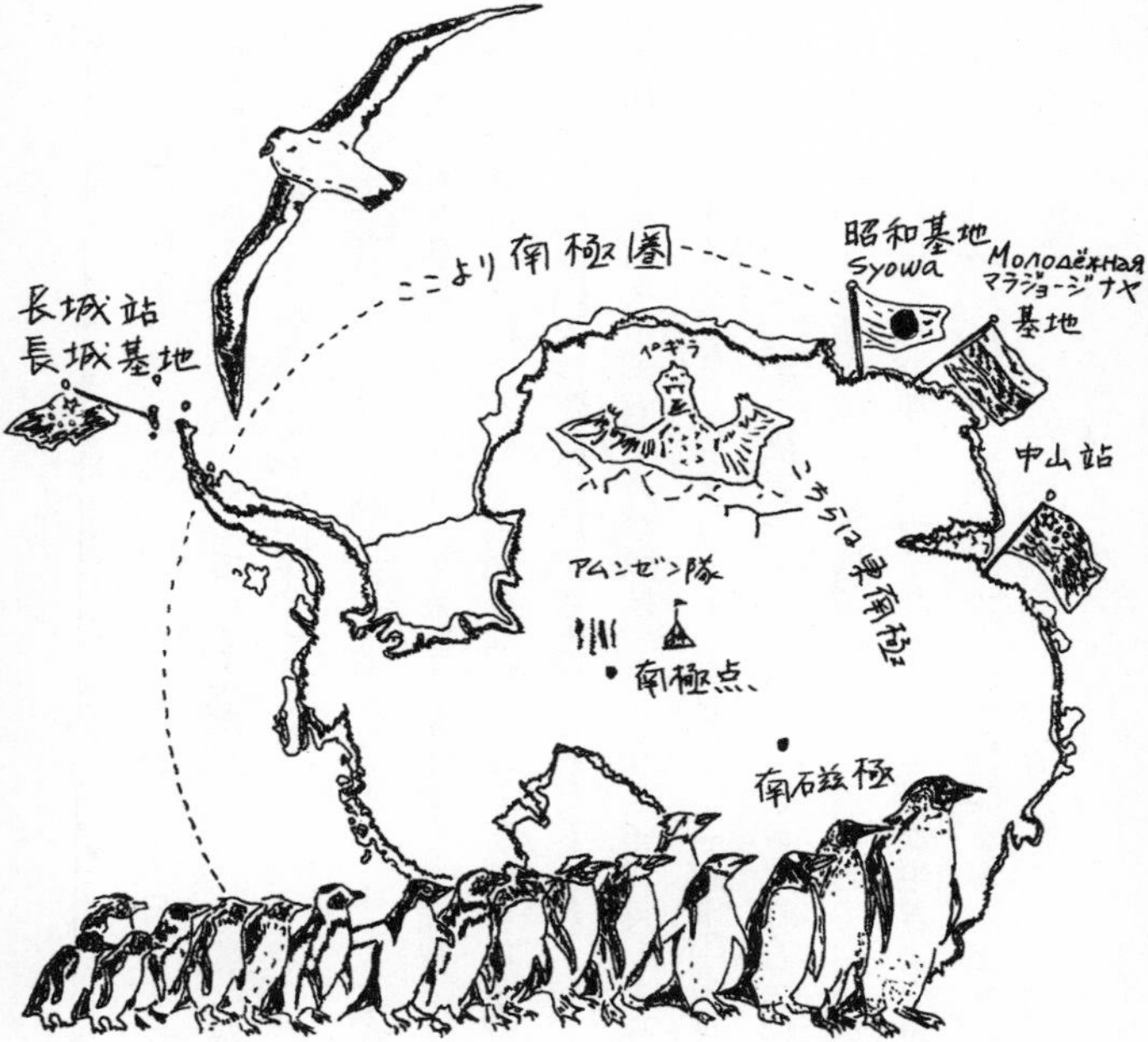
長城站
長城基地
ここより南極圏
昭和基地
Syowa
Молодёжная
マラジョージナヤ
基地
中山站
ペギラ
こちらは東南極
アムンゼン隊
南極点
南磁極

南　極

行程としては、日本を出ると、まず北米を経由して南米はチリへ。そこで中国隊の一部と合流してさらに南下し、南極半島(南極大陸をフライパンにたとえたら、持ち手になる部分)の先に位置するキングジョージ島の長城基地に行く。ここまでは空路だ。その後、長城基地で雪龍号に乗船し、本隊と合流した後、大陸のマラジョージナヤ基地をへて中山基地に入り、オーストラリアに入港した後、私たちは日本に戻る予定だ。つまり、(日本をユーラシアの一部とすれば)アフリカ以外の五大陸をまたにかけた、壮大な現地集合・現地解散の調査なのだ。

キングジョージ島に上陸す

日本からチリ南端のプンタ・アレナスまで、しばらく飛行機は乗りたくないくらいの時間がかかる。チリでは天候を確認するために2泊し、その後、いよいよ空路南極へ。チリ空軍の輸送機C-130機に揺られ(実際、最初の30分はかなり揺れてどうなることかと心配した)、2時間ほどで、キングジョージ島にあるチリのフレイ基地に着いた。

タラップから見る初めての南極の景色は、不思議とあまり覚えていない。たぶん、スバルバールによく似ているからだろう。越冬隊の劉書燕隊長を始めとする中国隊の皆さんが、雪上車で出迎えに来てくれていた。初めて乗るロシア製の雪上車は、砲台のない戦車のようで興奮する。生物系でよかった。メカ系男子なら、鼻血を出して失神しているところだ。

基地に着くと荷解きをし、英語を話せる文武医師(以下、勝手にドクと略称する)が基地のルールなどを教えてくれた。野外調査は2人以上で行動することになっている。私がここで菌類の調査を望んでいることは事前に連絡されていて、基地で病人が出ない限り、ドクが案内してくれることになった。

「これはすごいな……」

ドクが私と巻田先生、それに中国隊の海洋分野の先生たちを、見晴らしのよい丘に案内してくれた時のことだ。遠目には、アザラシが下町の路地裏の猫のように、そしてペンギンが江ノ島の海水浴場の人混みのように、うじゃうじゃいるのが見える。巻田先生や他の人たちは、これに感動している。他方、同じ言葉を発していても、私は眼下のコケに深く感動していた。海岸に向かって一面にコケの絨毯が広がり、その緑の上に黄色のまだらがずぅーっと続いている。コケが豹柄に枯れているのだ!

そして今、私は南極の雪腐取り放題祭りに参戦した。目の前には、夢のような風景が広がっている。興奮してきた。

ゾウアザラシをどかす方法

ドクには、中国のいい意味でのインテリといった雰囲気があった。なるべく、環境に負荷をかけないように努力している。たとえば、コケや地衣のコロニーを踏まないように歩く。分解性の低いプラスチックのごみを見つけたら持ち帰る。立派な態度だ。私たちにも、なるべくコケや地衣を踏まず、石の上を歩くように、でなければ植生をさけて遠回りするように指示していた。その理由を誰かが聞いた。中国語がわからなくとも、答えは予想できる。足元のコケは驚くほど成長が遅く、年間1㎜以下しか成長しないが、百年単位で長生きする。年長者をむやみに踏んでいいわけがない。それを知っていて行動するドクは、いいやつだ。

ドクには時間がある限り、調査に付き合ってもらった。とにかく、いたるところコケと地衣の草原が続き、しかもそれが枯れている。ここの特徴は、海岸のすぐそばまでコケがあり、かつ、カビのコロニーも観察されることだ。北極の調査では見られなかった現象だ。天気がよければ、ハイキングのように採集ができる。なにせ、南極にはシロクマがいないので、警戒といえばヒョウアザラシに注意するくらいでいいのだ。

＊

ここのコケの雪腐は、ピシウムが多いようだ。北極でピシウムの宿主となるカギハイゴケが、ここでは基地のある低地に広く分布している。雪が溶けたばかりだと、菌糸が残っているものもある。おお！　これは新鮮だ！

写真を撮ろうとすると、背後に気配を感じる。ははあ。ドクが私の興奮ぶりを嗅ぎつけて後ろで観察しているのだな。ならばと、なぜこれがすごいのかを得々と説明した後、どや顔で振り返ると、私の肩越しに、手元を覗き込むようにしている2羽のジェンツーペンギンと目があった。――何でペンギンが！　君たちなら無理して英語でなくてもよかったのに。というかこの状況は、不可抗力とはいえ南極条約違反じゃないか！

南極条約の規定では、ペンギンとは5m、アザラシなどとは15m程度の距離をとることが求められている。私は、大事な病徴(雪腐病になっている枯れた箇所)を踏まないように気をつけながら後ずさりし、ドクが見ていなかったか周囲を見渡した。まるでこれは、久しぶりに東京に帰って満員電車に乗ったら、そばにとてもかわいい女子高生がいて、痴漢と間違われないように両手でつり革をつかみながら、もっとおじさんの多い場所に移動しようとしているかのようだ。最も文明から離れた場所にいて、こんな小市民的な想像をするところが私らしいが、なさけない。やはりドクは一部始終を見ていたようで、後で「星野博士、南極条約違反ですよ」などとからかわれた。

あるとき、北極では見たことのないコケの病徴を見つけた。スギゴケが派手に枯れているのだ。また、乾いた病徴の上に綿くずのような白い菌糸が残っている。これはピシウムとは違う。病徴は周囲にいくつもあり、私は、花に惹かれる蝶のように、枯れたスギゴケの群落を歩き回った。

すると、目の前をふさぐように大きな動物が、何頭も横たわっているところに出くわした。ミナミゾウアザラシだ。さすがに大きい。体長は5mくらいあるだろうか。目視で15m以上の距離をおいて、遠巻きに横を通り過ぎる。彼らは危険な動物じゃないとドクは言うのだが、おのずと逃げ腰になる(ただ、グリーンランドのジャコウウシほどではない。たぶん、本気を出して走れば、私たちのほうに分があるからだろう)。

あ!　ああ……彼らのコロニーの手前にも、枯れたスギゴケの群落がある。でも、明らかに「15m圏内」だ。あきらめるしかないかなと思っていると、私の気持ちを察

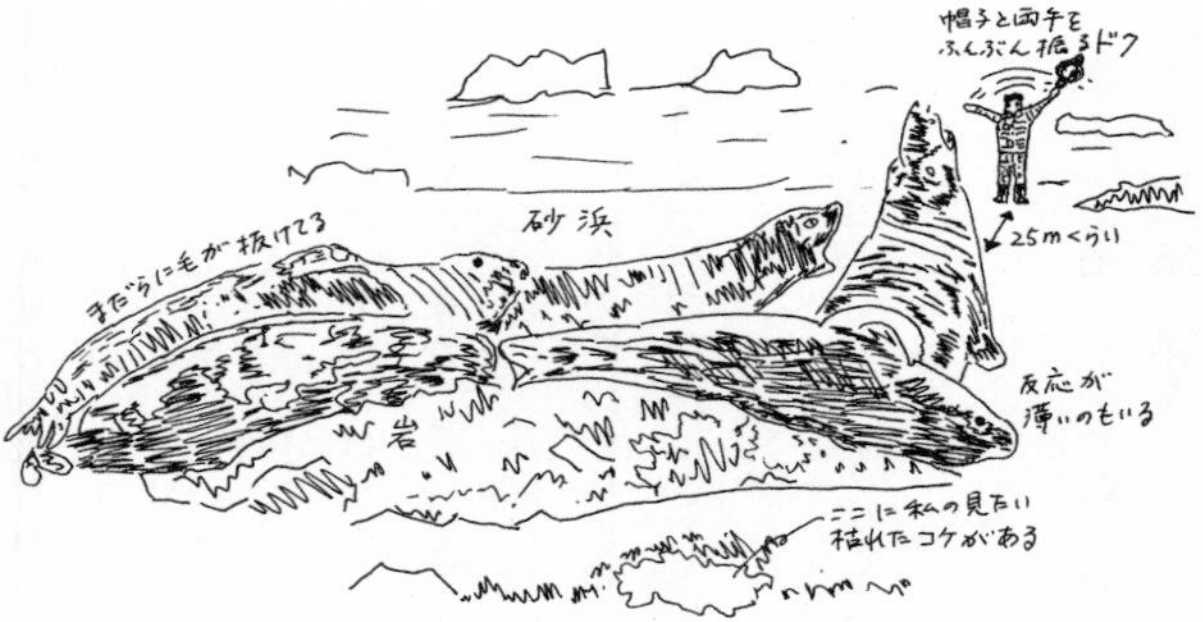

ゾウアザラシとドク

したのか、ドクが「見たいのか？」と聞いてくる。「見たいけどね」と答えると、ドクは「ちょっとここで待ってて」と言って、ゾウアザラシのコロニーを大回りして反対側に行くと、おもむろにゾウアザラシに対して、大きく両手を振り始めた。

ドクの行動を見たゾウアザラシたちは、やるならやるよと言わんばかりに、ドクに向かっていっせいに動き出した。それを見たドクは一呼吸おいてから、私に向かって「タモツ、ゴー」と叫んだ。意図を察した私は「合点《がってん》です、ドク」と心で叫んで(本当に叫んでゾウアザラシが戻ってきたら大変だ)、枯れたスギゴケに忍び足で近づき、写真と試料を無事収めることができた。動揺と興奮のあまりこの写真はぶれているが、ともかくこの件もあって、ドクには本当に感謝している。

基地に試料を持ち帰り、さっそく、一部を培地に植えてみた。長城基地には培養のための装置はなかったので、冷蔵庫と、直射日光の当たらない建物の縁の下に入れて1週間程度培養したが、残念ながら菌株を得ることはできなかった。

＊

なお後日、チリ隊に参加した東條さんからも、同じような病徴の話を聞いた。彼は顕微鏡でこの菌を観察していて、これが担子菌の特徴をもつことを確認している。

その後、この菌のことはしばらく忘れていたが、再びこの標本を目にした頃には技術も進歩して、遺伝子配列で属くらいは推定ができるようになっていた。あまり期待せずに実験して得た結果に、私は驚愕した。あのスギゴケについていた綿のような白い菌糸は、ガマノホタケだったのだ！　そしてその配列は、亜南極のマッコーリー島で採集された未同定のガマノホタケの子実体(アラスカ大学の先生からいただいた)由来のDNAと、100％一致した。

頭を殴られたような衝撃だった。やはり南極にもガマノホタケはいて、雪腐病をおこすのだ。そしてそれは、イシカリエンシスではない。では、誰なんだろう。

やがて、後悔に似た感情が押し寄せてきた。ドクとスギゴケの雪腐を見つけた時に、もっと時間をかけて探せば、融雪直後の新鮮な標本が採集できて、菌株も得られたのかもしれない。あるいは、もっと粘って培養すべきだったのではないかと。菌株が得られれば、この菌の性質の解明や種の同定もできたはずだ。

南極は、簡単に何度も行ける場所ではないのだから、少ないチャンスは十分に生かす努力をするべきだった。ゾウアザラシ事件の後の、少しほろ苦い教訓だ。

謎の技師、鍼を打つ

キングジョージ島の長城基地に2週間ほど滞在した後、いよいよ南極大陸に向かうべく、基地沖に停泊した雪龍号に乗船した。ちょうど元旦だった。ゴムボートに劉隊長やドクも乗り込み、雪龍号に向かう。ビール2箱、リンゴとオレンジを1箱ずつ餞別にいただく。

そうこうするうちに長城基地の人たちが戻る時間になり、劉隊長、ドクと握手し、デッキにて皆を見送る。長城基地の皆さんには本当に世話になった。いい思い出ばかりで本当に名残惜しい。是非また、ここに来たい。ボートが遠くなって、霧にかすんだ。

雪龍船内では新年のパーティーがあるのだが、意気は揚がらない。それは、カラオケ大会で私が音痴だからであり、水産学部出身だが船に酔うからだ。乗船した瞬間から、機械油なのか、さび除けの塗料なのか、独特な臭いにまずやられる。劉隊長やドクのいるときには恥ずかしい姿を見せたくないため気丈に振る舞うが、彼らが下船し、船が動き出すと、事態は深刻になった。

船乗りの間では、「吠える40度、狂う50度、絶叫する60度」という。南極海は南下すると海が荒れるのだ。長城基地があるのは南緯62度。いきなり絶叫させられる状況に放り込まれたのだからたまらない。自分たちの荷物が崩れないように、ひもで縛りまくって何とか固定すると、巻田先生と私は、2人部屋でほぼ寝たきりの状態になってしまった。過剰のアルコールの摂取による内臓を搾り出すような痛みは、2日も安静にしていれば回復する。しかし、船酔いは慣れるまで1週間くらいかかる。楽しみは食事くらいなのだが、当然まったく食欲がない。

ずっと寝ていて同じ姿勢を続けると、体に負担がかかる。陸で真面目に働いていた頃は、ずっと寝ていたいと思っていたものだが、案外これも苦痛なのだ。

私がやっと船に慣れたころ、巻田先生の腰痛が次第に悪化し、心配になってきた。先生はもともと腰痛持ちなのだ。オーロラの研究者は若い頃、観測のために機材を無理して運んで、中年以降、腰痛に悩まされることが多いらしい。

すると、それをどこで聞きつけたのか、1人の技師(彼の本業は機械整備で、医師ではない)が私たちの部屋を訪ねてきた。筆談で会話すると、「自分の腰痛治療用に電気鍼の装置を持ってきたので、これを使用したら」との申し出だった。いや素人の鍼はまずいだろうと私は思ったが、巻田先生は治療を受けるという。やめたほうがいいと私が言っても、鍼で死ぬことはないし(でも最悪の場合、半身不随とかにならないのか)、腰も痛いし、暇なので受けてみるという。

ハラハラしながら見ていると、かの技師はうつ伏せになった巻田先生に鍼を打って、弁当箱くらいの電圧器につないで電気を流した。少しピリピリするらしい。20分くらい流すので、その間に私の机に座って、カルテらしきものを書いている。やり方が何とも堂に入っている。しかし、くどいようだが、彼は医師ではない。

この間、技師は私と、南極のコケと地衣について筆談する。彼は私が集めた地衣のサンプルを目ざとく見つけ、なんと、勝手に食べてしまった！　やられた。彼曰く、南極の地衣は「平味」で、寒さを耐えるのによい薬になるとのこと(本当か?)。そうこうするうちに治療(?)は終わってしまった。

どうやら彼の電気鍼は、腰痛の症状の改善にはつながらなかったが害もなかったようだ。彼は「また治療にくる」と言ったが、後で治療したことが隊長にばれて、私たちの部屋への出入りが禁止されたらしい。鍼ならぬ釘をさされたな。そう言えば彼は長城基地でも、バケツ一杯にカサガイやクラゲを集めていた。隊員の中には、たまに職業不詳の人がいるものだ。

謎の治療風景

ロシア基地から戻れない

南極大陸が間近に迫ってきた。ほとんどが雪と氷河に覆われているため、遠目には低い雲のように見える。ロシアのマラジョージナヤ基地は南極大陸の上の露岩に建っているが、露岩は白い大陸の中で、ゴマ粒のように頼りない。船から見る露岩域はその名の通り岩ばかりで、生物の痕跡がまったくないように感じられた。

マラジョージナヤ沖には夜に到着。ここから小型船に乗り換えて上陸する。ただ、上陸は翌日以降だ。この上陸のおもな目的は、中山基地のそばにあるロシアのプログレス基地に飛行場を建設するための特殊車両を運ぶことで、これが終わればすぐ中山に向かうらしい。この作業の間、私を含む研究者や報道関係者などが上陸し、調査をおこなう手筈になっていた。

しかし、翌日はあいにくの悪天候。小型船が接岸できないため、上陸は見送られることになってしまった。天候が回復して無事に上陸できたのは、その次の日だ。腰の具合が悪化した巻田先生は上陸を見合わせ、代わりに、やはりオーロラの研究者である李さんに同行をお願いした。

＊

上陸するとすぐに、岩にへばりつくタイプの黒っぽい地衣や、岩の割れ目の小さなコケの群落を発見。遠目には岩ばかりのようだが、陸上生物もちゃんといるらしい。

ちょっと安心した。

基地は波止場から雪解けの川を渡り、雪の急斜面を上ったところにある。坂を上る前に、コケの大きな群落を見つけた。幸先がいい。私と李さんは研究者ということで、研究棟の一室をあてがってもらう。

昼食後、李さんとさっそくサンプリングに向かった。それまでは不完全地衣類だと思っていた白っぽい物体の下に、コケが埋まっていた。ひとたび気にしはじめると、結構な数があることがわかってくる。

翌朝。雪龍号から小型船が迎えに来るはずだったのが、悪天候のため足止めされて、午後になるらしい。そこでまた採集に行く。目が慣れてきたのか、コケの群落がよく見つかる。ただ、種類は豊富ではないようだ。

夕方。迎えは結局来ないらしい。暇を持て余した私たちは、ロシア人の発案で、よくわからないまま雪上車に乗って出かける。

連れていかれたところは、この基地で亡くなった14人ほどの隊員の墓地だった。墓参りの意味で、皆でウオッカを一気飲みし、その後で生卵を飲んだ。生卵飲みは中国人にはこたえたらしく、大騒ぎになったが、皆ロシア人に無理やり飲まされていた。

*

翌朝になっても迎えは来ない。本当に雪龍号に戻れるのか心配になってきた。昼が過ぎても、迎えが来る気配もないので、2時間ほど採集に向かう。海岸沿いの湖の側に、2m四方くらいの大きなコケの群落を見つけた。ちょっとこの辺では見ないような大きな群落だ。ここのように周りが岩ばかりだと、コケの群落もホッとするというか、綺麗に思う。ここまで大きくなるのには、何百年もかかっているのかもしれない。

部屋に帰ってみると、李さんが昼寝している。私もちょっと横になるつもりが、すっかり寝入って、起きたら4時だった。李さんも起きてきて、「何時だ」と聞く。4時だと言うと飛び起きて、迎えが3時に来る予定だったと言う。えー！　リュックを背負って走っていくと、皆、船着場でぶらぶらしている。また迎えは来なかったらしい。リュックは食堂に置いておいて、いつでも出かけられるようにしておく。

情報は中国語でしか入らないし、だんだんストレスが溜まってきた。どうなっているのだろう。私と李さんで夕食をとっていると、他の中国人が来ない。ゆっくりお茶を飲んでいると、ロシア人が「もう食堂は閉めるのだけど、他の中国人はどうしたのだ」と聞く。嫌な予感がして外に出ると、案の定、迎えの船が来たのだという。

急いで波止場に向かうと、ちょうど迎えの船が来ていて、いいタイミングだった。が、もう乗れないという。残念だが、次の船もすぐに来てくれるというので、信じて待つしかない。

寒いので発電所で待ち、再び波止場へ。そして30分後。来た、来た、やっと帰れる。船に乗り込む。ところが、さあ出発というときにこの船が座礁してしまった。ああ、なんということだ！　皆で押したり、引いたりしたが、らちがあかない。結局もう1艘の小型船が助けに来ることになり、また発電所に戻る。しばらくすると別の小型船が来て、やっと雪龍号に帰ることができた。座礁した船は、潮が満ちるのを待って回収するらしい。

部屋に戻ったのはなんと夜中。巻田先生が起きてこられたので、マラジョージナヤ基地の朝食で出たチーズをつまみに、これまでの出来事をかいつまんで説明した。先生は、今日も私が帰らないと思い、心配されていたとのことだ。何とも長い1日だった。

いざ、中山基地へ

それから10日ほど船に揺られて、やっと中山基地沖に停泊。翌日には上陸が可能なようだ。我々は第1便で上陸できるらしい。荷物を小型船に積み込むのが一苦労だ。皆が荷物を抱えてデッキに殺到する。ただでさえ中国の人はせっかちだから、荷物1つクレーンのところまで運ぶのも大混雑だ。日本だったらリレー式に運ぶが、自分の荷物は自分で運ぶのがここのルールらしい。

小型船は、小さな氷山を避けながら基地へと向かう。雪龍号に残る人たちが手を振っている。

基地に着くと荷物を置き、昼食の後、そこいらを採集がてらぶらついた。すぐ近くのロシアのプログレス基地周辺を、雪上車の道沿いに歩く。ここの植生は極めて貧弱で、最初はコケや地衣などまったく見つけられなかった。これは困ったと思っていたら、やっと海岸側で地衣を見つけ、その後、コケも見つけることができた。

中山基地周辺も、マラジョージナヤと同じような生物相だ。こういうところでは、もはや肉眼では菌類の存在はわからない。コケや藻類の群落あるいは周辺の土壌（というか大粒の砂に近い)で、心眼あるいは白眼で「ここに菌がいる」と狙いを定め、えいや!っと試料を採取(ここまでくると採集ではない気がする)するため、菌類的には見るべきものはなかった気がするので省略する。中山基地からシドニーへの帰路には、満天の空に広がり、龍のように円を描いて回るすごいオーロラを見た。

南極と北極の雪腐病菌――似ているけれど、ちょっとちがう

北極の雪腐病菌は、卵菌のピシウム、子嚢菌のボレアリス、担子菌のイシカリエンシスが主だった。この他、日本なら高山植物のムカゴトラノオに寄生する黒穂病菌など、宿主の生活史の変化に合わせて雪腐になった種(たとえばムカゴトラノオなら、数年かけて開花・結実するため、ムカゴトラノオにつく植物病原菌は積雪下でも感染を進行させ、結果的に雪腐状態になる)が存在する。

一方の南極では、私たちの調査によって、北極同様、コケの雪腐病菌としてピシウムが存在することがわかった。また、私は採集できなかったが、数少ない南極固有の高等植物であるナンキョクミドリナデシコに感染する子嚢菌スクレロチニア・アンタークティカが報告されている。斉藤さんによれば、この種は形態的にかなりボレアリ

スに似ているらしい。さらに、担子菌の雪腐としてガマノホタケも存在することがわかった。つまり、北極でも南極でも、同じような宿主に、属レベルではよく似た種が感染しているようだ。

ただ、南極ではそれらに加え、北極以上に特殊なというか、変わった雪腐病菌が報告されている。まず、コケに感染する子嚢菌が3種類以上知られている(北極では、コケに感染するとわかっているのは前述のようにピシウムくらいで、子嚢菌はよく知られていない)。そして極めつきは、コケに感染する接合菌のクモノスカビの仲間だ。世界広しといえども、接合菌の雪腐はこれだけだ。地理的に隔離された南極は、氷河期に氷床に覆われ、生物種が激減したとされる。そこで生き残ったものや新たに侵入した生物が、雪腐へと独自に進化したのかもしれない。

そんなことを考えながら菌たちを飼っていると、自然と顔がにやついてしまう。しかし、周りの人にはこちらの頭の中は見えないので、どんなに楽しいことを考えているのかは決して伝わらず、ただドン引きされることが多い。

昭和基地への道のり

中国隊から戻って数年後。私は、新エネルギー・産業技術総合開発機構に1年間出向した。ここで私は、経産省関連の年間数億円の大型プロジェクトのマネージャーとして働き、一線級の研究者の研究とマネーフローを見ることができた。これは本当にいい経験だったのだが、マネージャーとして関われば関わるほど、研究にプレーヤーとして戻りたいという気持ちが強くなっていった。

極地研から「48次の夏隊で生物の隊員を募集する」との連絡があったのは、その任期も終わりに近づき、研究者に戻る準備を始めた頃のことだった。これはよい機会ではないか。一度、昭和基地に採集へ行ってみるか、との野心がめばえ始めた。

中国隊から帰って実験を繰り返し、文献を読む中で、やはり究極の寒冷地である南極大陸で、雪腐病菌以外の菌類も広く採集して、その生き方を調べたらずいぶんといろんなことがわかるだろうと考えていた。この線で上司に相談すると、またもや大きな問題もなく、観測隊に応募してよいことになった。

隊員に応募すると、身体検査や訓練によって隊員への適合性が評価されるらしい。健康診断は人間ドックの項目をさらに増やしたもので、いじめでもそんなことしないだろという直腸検査を耐え、視野測定では視野狭窄を指摘された（私の精神的な視野狭窄や猪突猛進は、過去に多数指摘されていたが、生理的な指摘は初めてでショックだった）。

とはいえ私の健康問題は大きな障害とはならず（ああ、あの頃が懐かしい）、隊員候補者すべてがそろった乗鞍岳の4泊5日の冬山訓練に参加した。この雪山でスノーシューを履いて、コンパスの使い方を習い、テントを張って凍えながら1泊し、歩くスキーで下山する。すべてに慣れない中、自分が流した汗なのか、訓練のつらさをこらえる涙なのか、寒さによる鼻水なのか、はたまた空腹による涎なのか、あるいは転んで身体についた雪が溶けた水なのか、さまざまな水分を流しながら悪戦苦闘するうちに、徐々にお互いの距離が近くなっていく。かなり体力を使う訓練なので、間食として支給されたキャラメルやレーズンがびっくりするほど美味い（実際、千円出すからキャラメル1箱くれとか言うヤツもいた）。すっかり打ち解けた仲間と、「こんなの子供のとき以来だよね」と笑いあった。

そうして夏の訓練の頃には、私は正式な隊員になった。2度目の南極。今回の目標は前述のとおり、雪腐病菌以外にも多様な菌類を採集することだ。南極にはどんな菌がいて、どんな生き方をしているのか、とことん調べてみたいと思った。

絶叫する海へ再び

２００6年の11月中旬、砕氷艦しらせは、東京港の晴海埠頭から昭和基地に向けて出航した。私も含め多くの隊員はここからではなく、オーストラリア西部パースに近いフリーマントルから乗船する。

フリーマントルでは、生鮮食料品や免税のビール、ワインなどを積み込んだ(私はウオッカを、この4ヶ月の調査のために10本購入した)。このため越冬隊員の部屋は、購入または差し入れされたビール箱が畳のように敷き詰められて、一段高くなっている。食べ物を踏んだらいかんだろうと思われるが、船が揺れてビール箱が倒れたら大変なのだ。

そう、ここフリーマントルは南緯32度で、南緯69度の昭和基地までに、吠える40度、狂う50度、絶叫する60度のフルコンボを体験できる。フリーマントル出航直後の夕飯に伊勢エビがでた。やはり出航だから食事も豪華なのかと思っていると、夏隊生物班の経験豊富な極地研の工藤栄班長から「これから普通に食事ができることはしばらくないと思うよ♪」(なんでうれしそうな顔をするのか？)と言われて恐ろしくなった。

それから徐々に、甲板を吹く風は冷たく、強くなっていった。5日後には船首甲板で波頭が砕け、艦橋から見る風景は、海水で甲板を洗うどころか、床上浸水みたいな事態になっていたらしい。と伝聞調で綴るのは、私は例によってひどい船酔いで、またもや寝床とトイレを往復していたからだ。飲酒もしていないのに、部分的に記憶も欠落している。

氷山が見える頃、船酔いも少しましになった。この頃から本格的に海洋調査が開始され、私もこれを手伝う。とにかく目的を持って動いていると、船の揺れを瞬間的には忘れることができるのでありがたい。もっとも、無駄に始終動き回っていたので、かえって迷惑だったかもしれない。

野外調査は体育会系

昭和基地沖から、基地のある東オングル島(意外に知られていないが、昭和基地は正確には南極大陸ではない)にはヘリで移動した。基地周辺を空から見ると、赤茶色の地面がむき出しで、生き物の気配がない。中国の中山基地周辺と同じような光景だ。

ヘリポートに着陸した後、前の越冬隊の方々が運転するトラックの荷台に乗せられ

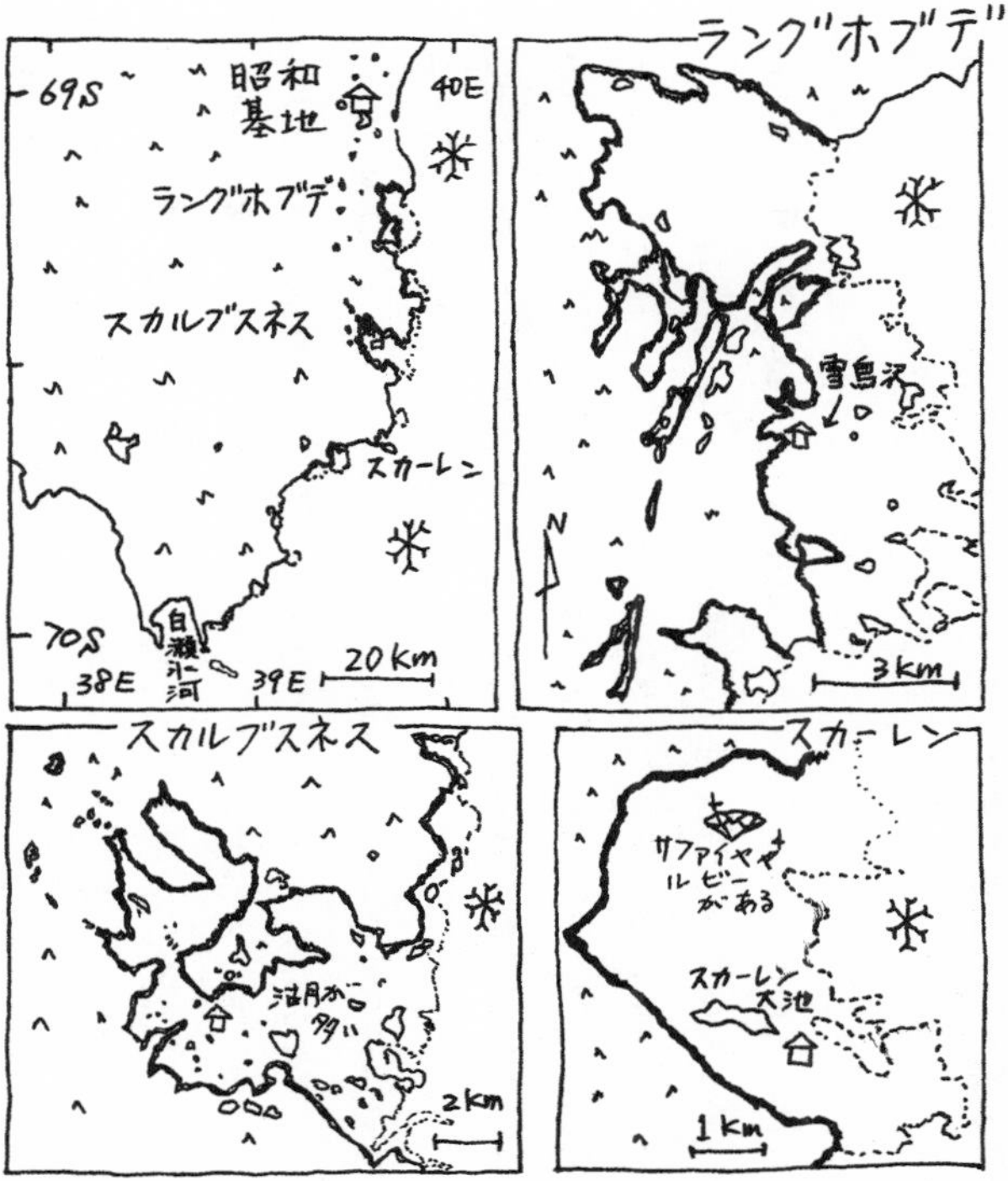

昭和基地周辺の調査地。破線は露岩域と万年雪との境界

て基地に向かう。気分はドナドナだ。たった5分ほどの道のりだったが、上空から見たとおり、岩と砂だらけで何もないように見えた。

ここでは、まず海洋生物の調査のお手伝いだ。海氷に穴を開けるためのアイスドリルと、これを動かすためのエンジンや機材をそりに積んで、凍った海に出る。足元を雪にとられながら、やたら重い機材を人力で運ばなくてはならない(夏は陸地の雪が溶けるため、陸地側でスノーモービルは使えないのだ)。動きが遅いので工藤班長に叱咤され、ヒイヒイ、ゼイゼイ言いながら運ぶ。

目的の場所に着くと、しらせで同室の海洋生物学者、韓東勲さんと2人がかりで、ドリルにエンジンをつけ、手動でエンジンを掛けるのだが、なかなか掛からない。スタータ一を持つ手が滑って、ひもが急速にエンジンに戻るときに韓さんの頭を痛打するなど、周りを四苦八苦させながら穴を開け、測定用の機材を降ろす。開けた穴が凍らないよう、ベニヤ板で覆ったら終了だ。ドリルとエンジンを、またヒイヒイ言いながら持ち帰る。

氷上観察が一段落すると、いよいよ他の露岩地域へ、しらせのヘリで調査に向かう。リュツォ・ホルム湾の奥のルンドボークスヘッタから昭和基地の隣の西オングル島まで、5ヶ所の露岩を巡る豪華コースだ。ヘリがダウンウォッシュ（下向きの気流）の大風とともに飛び去ると、急に周りが静かになって、調査用道具や食材を詰めたダンボールとともに、私たちは岩と氷の世界に取り残された。

露岩地域の湖沼をまわり、凍った湖沼では目的の場所にアイスドリルで穴を開け、水面が開いていればゴムボートで移動して、採水器や採泥器を降ろす。そうして、湖水・湖底の藻類やコケを採集した。採集が一段落すると、張ったテントを囲んで、順番に食事の準備をしながら好きに酒を飲む。白夜で沈まぬ太陽に戸惑いながらテントに入った。

うーん？　誰かが私の背中を押しているのか？　いや、私は1人用のテントで寝ている。ずいぶん風の音がうるさい。寝袋から顔を出すと、テントが風できしんで変形している。テントから外を見ると、トイレ用のテントは吹き飛ばされ、食事用の無人のテントは倒れている。女性2名が寝ている大型テントは風にあおられ、すぼんで今にも倒れそうだ。隣のテントから工藤さんが顔を出して、「今日は各自、カタバ風が収まるまでテントで待機！」と叫んだ。「カタバ風」とは大陸から吹き降ろす強風で、ブリザードを伴うこともある。確かに私がこのテントから出れば、リュックや荷物ごとテントが吹き飛びそうな風速だ。いや、こんな経験はめったにできないと思いながら(台風を喜ぶ低学年の児童と感覚が近い)、行動食として配給されたレーズンを朝食代わりにかじっていた。

＊

南極大陸の陸上環境は、基本的に雪と岩と砂ばかりで、わずかにコケや地衣が生えている程度だ。だから一見、生物が少ないと思ってしまう。しかし、湖沼という例外がある。南極大陸には、水深2ｍを超える淡水湖があるのだ。こうした湖は底まで凍結することがなく、光が届く水深まで、湖底は藻類とコケ類によるおびただしいマットに覆われている。

スカーレン大池で調査したときは、氷に穴を開け、ドリルを引き抜くと同時に、湖底からはがれたマットの破片が吹き上がってきた。久しぶりに見る緑とオレンジが美しい。水底からはがれた藻類マットが風に吹き寄せられていた。1つ手に取ると、角が取れて海綿のようだ。工藤さんは、これを「コロッケ」と呼んだ。このコロッケを携帯用の顕微鏡で見ると、なにやら白銀に光る糸が見える。菌糸かもしれない。注意深く探せば、菌たちに会える気がしてきた。

ラングホブデの南極特別保護地域である雪鳥沢《ゆきどりざわ》では、かなりコケが枯れていた。注意深く歩いていると、こぶし大ほどの緑色のコケの群落の半分が白いのだ(図5)。よく見ると、白いところには菌糸がまわっている！　南極大陸で、生きた菌類をこの目で見たのは初めてだ。周りは極めて冷静だったが、私はモーレツに興奮した。

図5　菌に喰われつつあるコケ

基地を離れた露岩域では、ヘリを降りたら最後、すべての調査を自分の足を頼りに行わなくてはならない。淡水湖の多いスカルブスネスでは、ゴムボートや採水器などを皆で手分けして背負って、急な坂をヒイヒイ言いながら上っていく。これを1週間、毎日繰り返すと、忍者の修行のように、急な坂で重い機材を背負って歩いても、ヒイくらいで運べるようになった。身体も徐々に軽くなってきたと思う。基地でも野外調査でも、十分以上に食事をとっていたはずなのに、日に日にベルトが余るようになってきた。運動量が多いからか、食べても飲んでも痩せてくるのだ(しかし、帰路の自堕落によって元に戻ったため、皆この事実を信用していない)。

野外調査ではすべて自炊だった。長く貧乏学生をしていたので、料理は得意ではないが好きだ。だから食事当番はまったく問題ない。ただ、複数人で移動していると難しいのは、休憩時間の過ごし方だ。スカルブスネスとラングホブデには観測小屋があって、テントを張らずに寝泊まりできたし、発電機もあって電気がつく。夕食と翌日の調査の準備が終われば、特にすることもない。私がグリーンランドやシベリアで調査をしていた頃は、食事が終わればすぐに寝て、朝は早く起きていた(私の睡眠時間は極めて長い)。しかし、同僚が増えればそうもいかず、どうしても皆の最大公約数的に行動することになる。ときに、食事の後でトランプや麻雀をするのが苦痛になることがあった。普段の私なら、たぶん我慢するだろう。しかし、連日の麻雀や遅くまでの飲酒には声を荒らげる時もあった。もっと感情を抑制して、うまく人付き合いができないものだろうか。集団生活は難しいものだ。

謎の変形菌あらわる

大方の野外調査も終わり、昭和基地でのんびりしている私のもとに、基地の環境保全を担当する加藤凡典・大嶋淳両隊員から「汚水処理棟に設置されている沈殿分離装置内に菌類が発生しているので、興味があれば見てみないか」との連絡が入った。

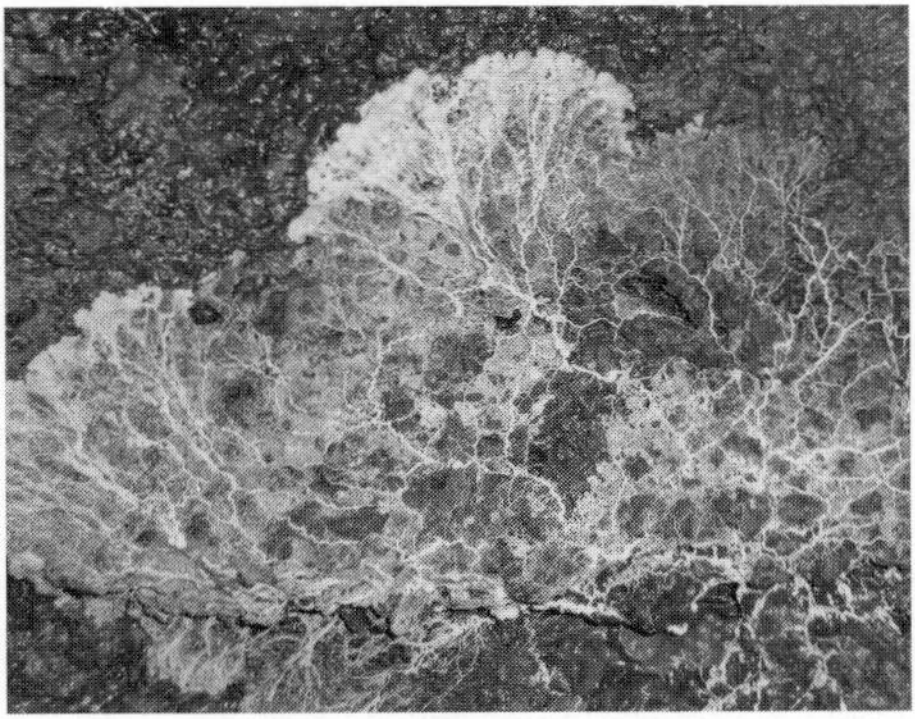

図6　変形菌，昭和基地にあらわる

初めに話を聞いた時には、白い綿毛のような一般的な子嚢菌だろうと思っていたが、装置内を覗いて仰天した。白くてどろっとした、1m近い超大型の菌叢《きんそう》だったのだ(図6)。

一瞬、何かわからず戸惑ったが、もしや変形菌ではないかとひらめいた時、「なぜこんなところに君が！」と驚き、そしてその、白亜の色を帯びた力強い入道雲のような姿に感動を覚えた。この様子を目の当たりにした大嶋隊員は後日、「みるみるうちに星野の目が2倍になり、異常な興奮状態に驚いた」と語った。

変形菌(粘菌)とは、変形体と呼ばれる栄養体が移動しつつ微生物などを捕食する「動物的」性質と、小型の子実体(きのこ)を形成し胞子により繁殖するという「菌類的」性質をあわせ持つ特異な生物だ。現在の分類体系では、変形菌は一般的な菌類ではなく、原生動物(アメーバ)に近いグループとされる。南極ではこれまで、比較的温暖な海洋性気候の半島部と周辺諸島域から数例が報告されているが、昭和基地を含む大陸性気候での採集例はなく、今回の採集地が南限だ。

直ちに写真に収め、国内の研究者に報告したところ、当時、神奈川県立生命の星・地球博物館に勤務されていた出川洋介さんから、「興奮気味に拝見しました!!!見事ですね。変形菌(真性粘菌)の変形体で間違いないと思います」という連絡があった。

出川さんと、彼に紹介された越前町立福井総合植物園のマツジュンこと松本淳《じゅん》さんから、アメーバ状の変形体では同定できないこと、変形菌の遺伝子解析は研究例が多くないので、DNA配列がわかっても同定できない可能性が高いこと、同定には胞子などの形態がわかる子実体が必要なこと、そして変形体を凍結すると死んでしまうことを教わり、ひいては子実体形成のため、変形体を絶対生きて持ち帰れ!とのミッシヨンを受けた。

そこで私は、いよいよ基地を離れるというその日、汚泥ごと変形体を30㎝四方ほど切り取ると、工藤さんにもらった大型の密閉容器に入れ、これを後生大事に抱えて、基地からしらせに運び込んだ。その後、しらせは昭和基地を離れ、海洋観測を行いながらシドニー、そして日本へ移動を開始。私は無事、生きた変形体を持ち帰ることができるのだろうか？

南極で採集された変形菌は、寒さが好きなのだろうか。あるいは、汚水処理棟は加温されているので、暖かい場所が好きなのだろうか。なにぶん変形菌は扱ったことがほとんどないので、勝手がよくわからない。容器の中身を2等分し、1つを私の居室に、もう1つを実験室に置いて、1日様子をみた。実験室は普段から加温されておらず、かなり寒い。ここに置いた変形体は、前日からピクリとも動いていない。一方、居室(私の枕元)に置いた変形体を3時間ごとに確認すると、餌となる細菌がいる汚泥の表面を這い回っていた。どうやら私と同居できるらしい。

しばらくすると別の心配がでてきた。変形体が小さくなっている。早速、嵐のなかマツジュンに連絡を取ると、餌不足ではないかとのことだ。また、変形菌はかなりのきれい好きで、一度歩いたところには行かないことが多いらしい。掃除のための移動用容器はどうにかなるとして、問題は餌だ。変形菌の餌としては、日本ではあまりなじみはないが、オートミールがよく知られている。しかし艦内に売店はないので、購入できない。うどんなどを食べるものもいるというマツジュンの助言に従い、早速しらせの厨房に話を聞きにいく。

私「あの……すみません。うどんを少し分けてほしいのですが」

乗員「食事が足りませんか？　間食なら今朝焼いたあんぱんとかあるけど」

私「いや、私じゃなくて、私の菌の餌にしたいのですが」

乗員「えっ！　うーん……星野さん、それはダメだな。ここの食料はヒト用なので、別の目的には使用できないんだ。というか、そういう時は、さっきの流れで自分が食べるって言うもんだよ。まったく！」

私「そうですか。それでは私がうどんを食べます」

乗員「もう聞いたから、ダメです！」

残念ながら私は魔法中年ではないので、時間を戻すことはできない。どうしたものかと思案していると、日刊スポーツの小林千穂記者(同行者として隊に参加していた)からどうしたと声をかけられた。変形菌の餌で困っており、できればオートミールがほしいと私が言うと、彼女は「出発前にフリーマントルで購入したふすまの入ったシリアルがあるから、それを(まずいので)あげる」と言う(詳しく聞くと、艦内の食事でシリアルのようなものは絶対食べられないと思って購入したという。やはり女子は目のつけどころが違う)。早速それをいただくと、培養の準備に入った。両手くらいだった変形体は、片手に乗るほど小さくなっている。何とか手を打たないと、帰国するやいなや、私は出川・マツジュンコンビに討ちとられてしまうかもしれない。

小型の容器に紙タオルを乗せて、まずいらしいシリアルを入れる。これをできれば滅菌した後に、変形体を移動させたいのだが、これが難しい。もちろん実験室には滅菌器を持ち込んだのだが、これが使用できない。滅菌器は圧力釜と同じ構造なので、水を入れ、蓋を閉めて加熱する。しかし、航海中の船内に固定した圧力器は、船が揺れて装置が傾き、空焚き表示が出て停止してしまう。これではダメだ(水産学部出身なのに航海の経験がないから、こんな失敗をする)。別の方法を考えないといけない。

また、しょっちゅう変形体の様子をみるために容器の蓋を部屋で開けていると、同室の韓さんに「臭うから、変形体の培養は居室以外でやってくれ」と言われる。確かに、私にとっては南極大陸初となる大事な変形体だが、他の方から見れば単なる臭いアメーバなのだ。自分の好きにするにも限度があると思い、この子の居場所も探しはじめた。

艦内を放浪していると、使用していない実験室が加温されていることに気づいた。ここでは生ごみのコンポスト処理などが行われているためだ。細菌のコンタミ(混入)が気になるが、背に腹はかえられない。空きスペースに容器を固定し、彼らの居場所を確保した。そうこうするうちに、変形体は手のひらの4分の1まで小さくなった。

次は滅菌法だ。艦内を徘徊するなかで妙案が浮かんだ。艦内は火気厳禁で煮炊きはできないが、お茶やカップ麺などのための大型の湯沸かしはある。エタノールで中を拭いた容器に、紙タオルとシリアルを入れ、なみなみと熱湯を注ぐ。蓋をして3分待ってから、シリアルが流れないようにお湯を捨てる。これを3回繰り返した。完全に滅菌はされていないだろうが、ずいぶん除菌はされただろう。容器を冷ました後で、指先くらいの変形体を、煮崩れたシリアルのそばに放す。2時間後、変形体はシリアルの中に入っていったようだ。

だが2日経っても、シリアルに入っていった変形体が出てこない。心配になって再度マツジュンに連絡を取ると、大きすぎる餌に入った小さな変形体は、他の微生物に負けて、彼らの餌になることがあるらしい。変形体が食べきれるくらいの餌をちょっとずつやるのがコツとのことだ。そこで、シリアルの量を減らしながら様子をみると、どうやら変形体の気にいってくれる環境を作ることができた。指先ほどの変形体は、苦労のかいあって、小指ほどに大きくなった。

そうこうするうちに、甲板に吹く風も暖かくなり、シドニー入港が近づいた。思えば帰りの航海は、変形菌と帰国後の我が身が心配で、船酔いになることはなかった。これもひとえに、あの変形体のおかげだ。本当に感謝している。

＊

持ち帰った謎の変形体は、マツジュンのもとで無事に子実体を形成し、世界各地に分布しているクダマキフクロホコリであることがわかった。新種であれば、私は和名を「ナンキョクカワヤホコリ」とつけたかったのだが、残念だ。私の手元で、さまざまな温度で培養してみると、10℃以下ではまったく活動できないことがわかった。ということは、南極大陸の屋外環境では活動できないはずだ。どこかから風か人が運んだ胞子が、昭和基地でようやく変形体になったのかもしれない。

南極産・雪見○福！

昭和基地から戻った私は、採集した試料からさまざまな菌類の分離をおこなった。その中には、子嚢菌で初めて不凍タンパク質の存在を確認し、今回の観測隊の生物分野で初めて特許出願をおこなったアンタークトマイセス・サイクロトロフィクス（肖楠《シャオナン》さんの学位論文になった）や、職場の同僚が脂質分解性を発見し、低温環境における排水処理の実用化に関する研究で辻雅晴さんの博士論文に貢献した担子菌酵母ムラキア・ブロロピスなど、自慢したい菌も数多い。

しかし、なんと言っても私の一押しなのは、凍ったまま成長する担子菌酵母のグラシオザイマー・アンタークティカだ。この菌は、ボレアリスのような凍った環境で生育する菌類を見つけるために、現地で採集したコケや雪などを片っ端から、寒天培地ごと凍らして培養した際に見出したすごいヤツだ。正確には、これは私の学生だった藤生誠一君の修士論文の成果だ。

ある日、私が研究室で紅茶を楽しんでいると、「何か変な白い物体が、凍結したシャーレの中にあるんです！」と藤生君が血相を変えて飛び込んできた。いくら聞いても要領を得ないので、2人で冷凍室の中に入った。すると確かに妙なものがある。培地の上には昭和基地の砂を置いたはずだが、砂は何やら白いものですっかり覆われている。（開けてみるか。）シャーレの蓋を開けてしげしげと眺める。マシュマロのようだ。（凍っているのか？）私はスパーテルでこの白い物体を叩いた。コンコンと乾いた音が、冷凍室内に響いた。（こりゃマシュマロじゃなくて、雪○大福だな。）困惑する藤生君に調べてもらうと、湖底堆積物や土壌などさまざまな試料から、この雪見大○状の物体が生じていた。このうちの1つを溶かしてみると、どろどろと粘り気のある白い液体となった。顕微鏡でのぞくと、多数の酵母くらいの細胞が見える。

この菌を培養し、遺伝子解析すると、これは既知の担子菌酵母であることが判明した。大量の多糖を生産する菌だという。となると、あのどろどろの正体は多糖らしい。液体で培養した菌株は、確かに培養とともに粘度を増していった。そして凍結した培地で培養すると、凍りながら団子状に大きくなっていった（図7）。

単細胞で生きているはずの酵母が、塊で成長するなんて！　私は、またずいぶんな変わり種を見つけて興奮していた。どうやってコイツは、水と栄養を集めているんだろう？

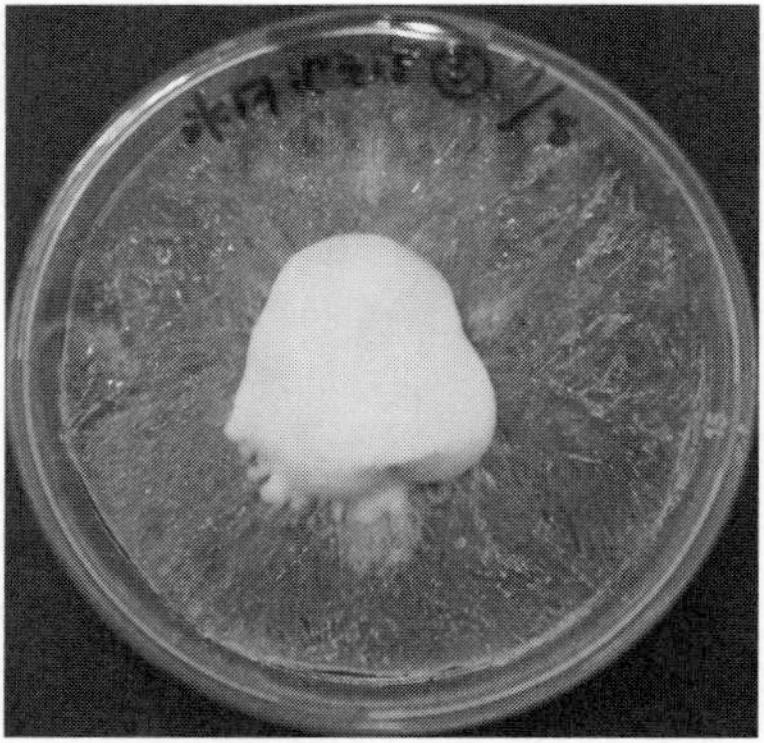

図7　南極酵母のつくる雪○大福

たとえば多細胞生物のボレアリスなら、細胞がつながった菌糸を伸ばして栄養と液体の水を探すことができる。そして先端の細胞が新たな餌と水にたどり着くまで、後方の細胞が栄養などを融通してやれる。しかし、酵母は基本的にはピンで生きている。だからうちの担子菌酵母も、1つひとつの細胞(個体)がそれぞれに栄養や液体の水を集める必要があるはずだ。もしかすると彼らは団子状の構造をつくることで、多細胞生物のように、栄養や水の吸収をやりやすくしているのだろうか?

食紅を入れた培地にこの担子菌酵母を植えて凍らせると、2ヶ月後には、酵母は団子状の塊に成長し、培地の食紅をすっかり吸収して、濃い赤色に染まっていた。食紅が栄養素と同じ挙動をとるなら、この担子菌酵母は、たしかに培地の栄養素を吸い上げることができるようだ。

この凍った団子状の塊を電子顕微鏡で観察すると、スポンジのように多孔質の構造が確認され、その穴に沿って酵母の細胞が並んでいるのが見えた。酵母の細胞どうしを連結しているのは多糖だろう。そしてこれを溶かしてみると、多糖のみならず、少量の不凍タンパク質の存在も確認された。

つまりこの担子菌酵母は、霜柱と同じ原理で成長しているのではないか。凍結環境で大量の多糖を生産し、集団でつながって菌糸のようにふるまい、毛細管現象によって液体を吸い上げる。そして、吸い上げた液体を細胞が利用するために、すぐに凍らないよう不凍タンパク質を分泌しているのかもしれない。多糖と不凍タンパク質――この組み合わせは！　そう、イシカリエンシスと同じではないか。

ただ、イシカリエンシスは、大量の不凍タンパク質と、菌糸を覆う少量の多糖をつくる。南極の担子菌酵母はその逆だ。まったく違う生き方をしていると思われた両者が、同じ物質の量を変えて、それぞれに寒さに適応している。これらはいずれも担子菌だが、これからさらに多くの菌類を調べれば、菌類の環境適応の本質が明らかになっていくかもしれない。

エピローグ　こんなところにも雪は降る

雪腐病菌はどこから来て、どこへ行くのか

もっと広く探すべきかな――。極地での調査が一段落ついたころ、私はそう考えていた。

北極・シベリア・南極にわたって雪腐病菌を探し歩いた結果、温帯の積雪域から北極まではイシカリエンシスとボレアリスが分布していること、南極には同属の別種がいることがわかった。おそらくイシカリエンシスは、北半球で生じた種なのだろう。温帯の積雪域(日本なら三重の御在所岳《ございしょ》)より南に下ると、イシカリエンシス、ボレアリスは見られなくなり、より積雪を必要としないインカルナータへ変わる。

しかしこの20年ほどで、雪腐病菌の世界的な分布には変化がみられるようだ。分布に関する情報が比較的豊富にそろったヨーロッパでは、ドイツ・ポーランドなど、過

去にイシカリエンシスの分布が知られていた地域では積雪が減り、私たちが調査した時にはインカルナータしか採集できなかった。現在、ヨーロッパで確実にイシカリエンシスが見られるのは、アルプスと北欧くらいだ。

また、北海道立農業試験場の調査によると、これまでボレアリスの勢力範囲だと思われていた北海道東部で、イシカリエンシスの発生が増えている。これはおそらく、ボレアリスに適した土壌の凍結がこの20年でずいぶん少なくなり、ボレアリスよりイシカリエンシスに適した環境に変わってきたからだ。この先、気候変動が進めば、雪腐病菌の世界的な分布はますます変わっていくだろう。北半球における分布はより北へ移動し、土壌凍結が少なくなった北極圏では、イシカリエンシスの発見が増えていくかもしれない。

ついては、北半球における雪腐病菌の南限は、今のうちに確認しておく必要がある。気候変動によって、10年後にはもう、そこでは見ることができないかもしれないからだ。南限を押さえることができれば、彼らがどんな場所で生きていられるかがわかり、さらに、どこから来たかもわかるかもしれない。

ノンアルコールな海外調査

北半球での雪腐病菌の南限は、どこにあるのだろうか？　これまでの調査地をプロットし、積雪域を重ねてみると、コーカサスからイラン、ヒマラヤ山脈につながる高山帯に、まとまった雪が降るようだ。オレグに相談すると、ロシア領コーカサスは、チェチェン共和国に代表されるように「誘拐が主な産業」になっていて論外とのこと。やはり物騒すぎると彼の言うグルジアも、乗り気にはなれない。

イラン（1966年）　上級者になると，こんなシンプルな図版でも雪腐病菌の存在を確信することができる

　となるとやはりイランか。私はひとりごちた。

　私はかつて、国際学会に参加するために一度、この国に行ったことがある。ただ、時期が悪かった。米国で大規模なテロのあった数日後で、多くの外国人はこの学会への参加を見合わせ、日本人は私だけ。参加者が極端に少なかったために、私が楽しみにしていた学会後の採集会も中止となり、後ろ髪を引かれるように帰国したのだった。

ただ、その際に世話になったイラン人の研究者は、「イランの北部は雪が降るので、雪腐病菌がいるかもしれない。今回は時間がないが、また来る機会があれば案内する」と言ってくれていた。イギリスで学位を取り流暢な英語を話す、植物学研究所のラズー・ザーレ博士だ。彼を頼ってみることにした。

＊

テヘランでラズーと無事合流し、研究所の車で東アゼルバイジャン州を調査した。調査には、通訳を兼ねて、きのこの分類を専門にするモハメド・アセフ博士が同行した。車窓から見慣れぬ景色を楽しみながら、調査は極めて快適に進んだ。モハメドがペルシャ語以外に、アゼルバイジャン語の南部方言とクルド語を話すので、農家の方への聞き取りも問題ない。

宿での夕食後、地図をちゃぶ台の上に広げ、車座になって座り、翌日の予定を確認する。それが終わると、お菓子を食べながらいろいろと話をしたり、コーラを飲みながらトランプに興じたりする。ここには、極めて郷愁を誘う何かがある。まだ飲酒を覚える前の中高生の頃、友達の家に泊まり込み、勉強そっちのけでやっていた徹夜トランプに似ているのだ。ノンアルコールの調査とはこんなにも健全なのか！　さらに、酒がないのだから酔っぱらいに絡まれることもない。言葉の問題が解決すれば、イランは確かに快適なのだ。この話を皆にしてもちっとも信じてくれないので、書き残すことにした。状況が許せば、イランの押しかけ観光大使になりたいくらいだ。

もっとも、身体は時間の経過とともに、なぜかアルコールを欲する。一週間もするとこの不届き者は、調査から宿に戻ってシャワーを浴びた後や、街中を流れるお祈りの呼び掛けを聞きながら、あるいはケバブにかじりつく夕食時、一見まじめな顔をしつつも、ビール欲しさと激しく闘うことになった。帰国時は成田に降り立つやいなや、速攻でビールを買って、風呂上がりの牛乳のように2缶分を一気飲みした次第だ。

このように個人的かつ精神的な試練を受けながらも、調査は順調に進み、イランにはインカルナータと、また別のタイプのガマノホタケ(腐生性のチフラ・サブヴァリアビリスに似ている)がいて、いずれもコムギの雪腐病をおこすことがわかった。後者の菌は遺伝的に、南極で採集したコケの雪腐に近いようだ。

これに味をしめて、２００５年にはさらに南の積雪域であるチュニジアで、筑波大学の調査に便乗した。ここでは、外国人ならば普通に飲酒できるので試練の壁は低かったが、残念なことに雪腐病菌は採集できずじまいだった。もちろんその理由は、過度な飲酒だけではない（はずだ）。

ダーウィンと植村直己、そして松浦武四郎

私の調査は、おおむねこの通りだ。これまで書いてきたことの多くは、大学での講義を引き受けた際に学生の睡眠を妨げるために仕込んだものや、同業者の飲み会のネタとして披露してきたものである。しかし受けを狙うあまり、前述の斉藤泉さんからは「星野君は、ダーウィンのような研究者を目指すべきであって、植村直己のような冒険家ではないだろ」と注意され、師匠からも、海外調査はほどほどにとたしなめられた。確かに、私の本業は研究であって、冒険家でも、海外事情に詳しい泥酔評論家でもない。ダーウィンが「ビーグル号の航海」自体ではなく、その航海で得た結果をもとに考察を深めた「進化論」で知られるように、研究者にとっては客観的な発見こそが重要だ。私は、ダーウィンほどの業績は望むべくもないが（もちろん謙遜だ）、研究の成果で著名となり、ちやほやされることを目指すべきなのだ。

ただ、私は植村直己という探険家が好きだ。私の調査スタイルは、どこか彼の著書

の影響を受けている。つまり、環境に合わせて培われた現地の人たちの作法を最大限取り入れつつ、なるべく少人数で行動するのだ。現地の人たちの暮らしぶりを未開なとどといって否定するようなやり方は、私の芸風に合わない。ちなみに同じような理由から、北海道の名づけ親である松浦武四郎も、私の好きな探険家だ。彼のアイヌの人々に対する接し方は、今の人たちと比較しても潔いと思う。彼の著書がもっと早く出版されていれば、そして彼が開拓判官にとどまっていれば、違う歴史もあっただろう。

私のつたない文章も、植村や松浦が遺した著作のように、その時代、その土地でしか感じられないような息遣いを伝えることができていたら、いいと思う。

おわりに

——文庫本あとがき(案)と、この本を正しく理解していただくために

私の妄想では、本書は出版後直ちに、世間の耳目を集め、各種大賞を総なめにし、映画化された後、青帯で文庫化されるはずである。このため、長く読み継がれるにふさわしいあとがきが必要だ。

いつの世も清く正しく美しく生きていれば、僥倖があるものだ。私はつねづね、シベリア調査を肴に飲みながら、「俺はやる男だ。いつかこれを本にしてやる」とうそぶいていたが、一向にその気配は見られず、周りから徐々に白い目で見られるようになっていた。しかしそんな私にある日、見ず知らずの編集者である辻村希望氏から1本のメールが届き、事態が動き始める。知らない女性にコクられたり、一方的に非難されるのかと緊張していたら、2014年に東京で開かれた日本微生物学連盟の一般向け講演会で、彼女のつれあいが私の話を聞いて興味を持ったとのことだ。そう、わかる人が聞けば、私の研究のすばらしさとかいろいろ(私も知らない私の魅力が)わかる

のだ。何度か世間話を重ねるうちに、なぜか本書の企画がきまった。それも自費ではないらしい。昨今はいろいろ物騒なので、新手の詐欺かとも心配していたが、今のところは違う(この箇所は文庫収録の際は変更予定)。この本の一番の立役者は、辻村氏だ。とても感謝している。

本書は、20年にわたる私の海外調査のエピソードを臨場感あふれ、才気ほとばしる筆致で記述した異色の菌類解説書だ。もちろんノンフィクションだが、ノルウェー語やグリーンランド語、ロシア語、中国語、ペルシャ語、アゼルバイジャン語だけではなく、英語や日本語の会話さえたどたどしい筆者は、事件の一部を想像で補っている。しかし天地神明に誓って、嘘偽りは記述していない。不幸にして本書に登場する関係者には、これまで以上に迷惑をかけるかもしれないが、私と知り合ったのも運命とあきらめてほしい。そして苦情のすべては、辻村氏に送ってほしい。

最後に、岩波書店から執筆依頼が来たと告げたとき、一様に不審がる家族の中で、唯一まじめな学術書を書いていると信じていた父に懺悔したい。お父さんごめんなさい。

秋霜に　思い出すかな　しばれ旅　――2015年、札幌の寓居にて

星野　保

現代文庫版あとがき(本案)

思ったことは書いてみるものだとつくづく思う。本当に受賞したり、文庫になったりしてしまうのだから！　それも自腹なしで!!

以前から漠然と思っていたが、世間的に相当いけてない奴でも、人生に一つくらいは、すべらない話があるものだ。本書は、そんな著者一押しのネタである艱難辛苦のフィールド調査を自らの主観全開で記した、酒と涙なくして読めない雪腐病菌探索の記録であり、世界初の雪腐病菌ファンブックである(もし、本書以前に出版された雪腐病菌関連の同人誌があれば知らせてほしい)。本文の「おわりに」には、出版前の経緯を記したので、この現代文庫版あとがきには、その後の経過を記しておきたい。

出版後、私の周囲の反響は大きく、現物を見せびらかすと「本当にあの岩波の出版物なのか？」と疑い、本も開かず陽《ひ》にかざしたり、岩の字を爪でこすったりする輩《やから》が多数いた。しかし、全世界同時発売から程なくして、今回の解説をご快諾いただいた渡邊十絲子さんや、三浦しをんさんらの書評がメディアに出ると、私に世間を謀《たばか》る胆力も財力もないとの判断から、消極的に承認された。そして、これら書評の宣伝効果は絶大で、幸いなことに初刷を売り切った。これにより、大量在庫を抱えた出版社の意を酌んで、私が全国津々浦々の星野さんへおこなう予定であった訪問販売が回避され、深く安堵したのもつかの間。止せばいいのに読んでまったのだ。昨今、多くの人が匿名でネットに発信している書評を。そしてやけ酒をあおることとなった(無論こういう時も、我が心の友は、ウオッカだ)。

あの時私は、自分が伝えたいことを真っ先に記した。海外調査においても、現地の方々との緊密な交流が重要だと説いたはずなのだが……なぜか「酔っぱらってばかりで、肝心の菌に関する記述が少ない」と曲解され、私の小さな心はひどく傷ついた。だから師匠の『雪腐病』(北海道大学出版会)を読めと書いているだろうと言いたくても、どこに言えばいいのかわからない。さらに追い打ちをかけるように、「菌のところを読み飛ばしても面白い」との意見もあり、いよいよ複雑な心境になった(人はこれを黒歴史と呼ぶのだろうか)。

一方、冴えない菌学者の私(客観的な評価は、竹と梅の中間)のトークイベントやサイン会が(古書価格が下がるにもかかわらず、かつ私の自腹でもなく)開催され、あまつさえビートたけし氏と帝国ホテルでコーヒーを飲む機会まで与えられた。さらに本書の目的外使用の最たるものは、旅行記としての高評価である。日本旅行作家協会の第1回斎藤茂太賞にノミネートされた際、本業の研究での受賞もなく(いや梅かもしれない)、作家でもないので、賞に手が届かなくてもよいから中型、いやそれもダメならプチ新人と名乗らせて欲しいとプロフィールに記したところ(自称大型はおこがましいし、小型では卑下しすぎると思い、まずは中庸を目指した)、受賞した！　やはり言霊《ことだま》は存在し、舌切り雀の教訓は今も生きている。今後、私に死亡以外の大事がなければ、2016年は人生のピークだったと、弔辞で身振り手振りを交えた泣き笑いで述べてほしい。

それにしても残念なのは、読者ニーズをつかみ切れなかったことだ。自分たちさえマイナーと思っていた雪腐病菌のことを、皆知りたがっているのだ！　あらためて紹介する機会はないかと思っていたところ、新たなチャンスが巡ってきた。『菌は語る――ミクロの開拓者たちの生きざまと知性』(春秋社)は、本書の姉妹作であり、雪腐病研究者による、雪腐病菌を知るための雪腐病菌の本(だけでは尺が持たないので、寒さと生きる多様な菌たちを含む)だ。

これで皆、昔年の知識欲が満たされ、溜飲が下がっただろう！と思ったが、「菌の名は横文字ばかりで、脚注が長く、呑んだくれていないので、つまらない」！とマジ卍な反応だった。「覚えてらっしゃい！」と捨て台詞を吐きたいが、どの方面に言えばいいのかまたわからない。

金と名声につられ(それらを手にできなかっ)たことを反省し、今後は本州の北のはずれ(東広島→筑波→八戸と移動した)でひっそりと純朴な青年に道を説くことを決心した数日後、新たに菌類を紹介する本の話をいただき、ニッチなニーズはやはりある！二度あることは三度ある!!と新たな野望を抱くことになった(↑今ここ。菌類に興味がある方は、これらの本を逆順にも読んでいただきたい。菌類に関する系統的な知識が得られるはずだ)。だが、この自称、星野菌語り三部作で最も熱量が高いのは、第一部の本書だ。ここには、私が一番に語りたいことが綴ってある。

この現代文庫版が出版される2020年は、コロナ禍と称されるCOVID-19の世界的流行の真っただ中にある。オレグはこの年、植物園を無事定年になり、モスクワ近郊の自宅におこもり中だ。アン・マッテは、定年後に購入したポルトガルの家に戻れずにいる。

科学は、再現性がある事象の合理的な理解を目指すものであり、科学者は、研究対象を客観的に観察する訓練を受ける。しかし、皆赤い血が流れる人間なので、それぞれに喜怒哀楽があり、全てを客観的に観察することは困難だ。また、合理的とされる方法を理解しても、自分や周囲がその対象ならば、受け入れるだろうか。

一方、笑いの多くは合理的でなく、客観的でもない。だから一般的に、科学を説明する論文には、笑いは不要だろう。とはいえ、笑うためには、互いに共通の下地が必要となる。このため笑いは、互いの適切な距離を保ちながら議論するためのツールとして、科学においても役立つと思う。

本書の原稿を書いていたころ、私がこう思っていたかはわからないが、私にとって笑いは、兄妹げんかの末、母に必要以上に叱られないため試行錯誤し、編み出された技術と経験の賜物なのだ。笑いは、人との距離を保つ緩衝材であり、酒は潤滑剤となる。滑れば無限に距離が広がり、呑まれれば有形無形のモノを失う。このため私は、週に2回断酒している。


ただでさえ人の少ない八戸で、登場する菌友を思いながら

著　者

解説

酒がすべてを解決すると思ったら大間違いだと決めつけるのは
早計かもしれない、あるいは1964年の奇跡について

渡邊十絲子

科学者や研究生活について論じてみたくとも、そんな能力はもちあわせていないので、文学者としての著者星野保を語ることにする。本書は、現代文学の地平の、ちょっと寒すぎてあんまり人が出歩いてないような荒涼とした辺境にぽつんと咲いたけなげな花、いや南極昭和基地の砂から現れたマシュマロみたいな酵母(本篇参照)のごとく可憐な作品であると、わたしは思う。

文学というジャンルは、茫漠としてとらえどころのないものだ。巨大な宇宙船が遠い銀河へとワープする空想科学小説も、涙なしには読めない美しい恋愛小説も、実在のスポーツ選手の生い立ちを記した伝記も、書店ではひとしく「文学」の売り場に並べられる。そのうえわれわれは、小説のなかで描写されている宇宙船の内部構造に建

築学的な興味をもったり、恋の苦しみで眠れぬ主人公が一晩かけて作ったスープを自分で再現して味わってみたくなったり、スポーツ選手のふるさとにあるという絶景を見るために旅行を計画したりもする。その場合、その本が本来もっているテーマとはちょっと離れたところ、いわば余談のような部分に(も)その本の魅力を見出したということになる。場合によっては、自分好みの余談部分を入り口にしてその本の世界を探査することすら許されているのだ。これはけっして邪道ではなく、むしろ健全でかしこい本の読み方だし、魅力ある入り口をたくさん用意しておけるかどうかということに、書き手の実力は如実に表れるものである。

そうした意味で、笑いを誘う文章は絶大な力を発揮する。人は楽しいものや可笑しいものが大好きだから、その魅力をとっかかりにしてその文章の本来のテーマに入り込んでいくことが容易になるのだ。著者はこの点において非凡な才能に恵まれており、しかも文章だけでなく、自身の手になる挿絵のなかにもさりげなく笑わせポイントを仕込んであるという、黒帯クラスの手練れである。たとえば本書のなかで著者は、わけあってナイフを口にくわえた自分の顔を描いているが、少々広めに描かれた額の部分に少女マンガのような「キラリーン」マークを入れて、自分が髪の毛ばっかり豊富な若造ではなく、成熟した大人の男性であることをさりげなく示している。この絵は何度見てもちょっと笑える。

このような角度から著者を論じた人はまだいないので、わたしが「作家・星野保」研究の第一人者を名のっても、まあ詐欺ではないだろう。今後は積極的にそう名のっていきたい。

そもそもこの本は、一人の男が雪腐病菌《ゆきぐされびょうきん》という、世界的に有名とは言いかねる菌ちゃんを求めて、極地やシベリアといった寒い土地でくりひろげた大冒険の記録である。冒険の目的はあくまで菌《きん》であって金《きん》ではないから、ハリソン・フォード演じるインディアナ・ジョーンズ教授と比べると地味に見えるかもしれない。しかし考えてみれば、大多数の人が心の底から嫌い恐怖するGの字がつく昆虫だって、それを研究している人にとっては大事なメシのタネであると同時に偏愛の対象でもあるのだ（待てよ、わたしはいま『鳥類学者だからって、鳥が好きだと思うなよ。』とか『現地嫌いなフィールド言語学者、かく語りき。』などの名著の存在をうっすら思い出してしまったが、つごうが悪いので忘れることにする）。えーと、まあとにかく菌なんてもう、おとなしいし、夜中に台所をカサカサ徘徊したりしないし、可愛さ爆発に決まっている。そういうことにする。

愛しの菌ちゃんを求めて著者は寒い土地をさまよう。あるときは、菌採集の相棒オレグとロシアの寝台列車に乗り、そこでゆきずりの危険な酒飲みである細マッチョにからまれる、いや、日露交流のお誘いを受ける。

〈彼は、それぞれのコップの中ほどまでウオッカをなみなみと注ぐと、「君たちの調査の成功を祈って」と言い、パクっとウオッカをあおった。それを見て、オレグはしぶしぶコップを空にし、私もそれに倣う。うまい。高濃度のアルコールが食道を滅菌しながら降りていくのがわかる。細マッチョはもう次の瓶に手を伸ばしている。それからオレグが何かしゃべって乾杯し、次は私の番かと思っているところで、映写機が壊れたような断続的な映像の後(眠くて瞬きを繰り返していたのかもしれない)、私の記憶は途切れている。翌朝、私は通路で寝ていた。よだれの痕が口元から床につながっている。頭はふらふらするが、吐き気はしない。口元を拭うと、いい朝だと思った〉。

本書はだいたい全編、こんな感じで芳醇な香りにつつまれている。引用部分には寝台列車の床でつぶれている著者の挿絵があり、「日露交流の結果、回復体位をとる私」というキャプション。飲んでいるのはあくまで旅中のトラブルを避けるためで、菌の採集という大目的のために心を鬼にして酔っているのである。ああ立派だなあ。大石内蔵助か。

思うに、著者が酒を決して嫌いなほうではないことは、ゆきずりであっても同好の士にはお見通しなのであろう。グリーンランドでも、お金をおろすために入ろうとした郵便局の前で、酔っぱらいにトナカイの骨を加工したアクセサリーを買えとすすめられていた。いったんは断って郵便局に入るが、相手の言った300クローネという値段は案外安いと思い直し、ふたたびこの酔っぱらいを見つけて話しかけるも、相手はいきなり値段を下げてくる。さっきの値段で買うと言うのに、言葉がうまく通じない。

〈困っていたら、別の酔っぱらいが中に入ってきた。最初の酔っぱらいの言い分を聞いて、英語で説明してくれる。そこで私は、最初の300で買うんだよと言ったら、にわか通訳の酔っぱらいも驚いていた。「ほら、そこのお土産屋で同じものを買ったら、500はするだろ。デザインも気に入ったし、十分に得してるんだから、いいんだよ」と、私は言った。／そうこうするうちに、周りには興味をもった酔っぱらいが集まり始めた。ちょっとまずいことになったかなと思っていたら、にわか通訳は「日本人は皆そうなのか?」と聞く。「いや人それぞれだろうな。私は、酔っぱらった相手から安く買えたとしても、うれしくないし、夜気持ちよく眠れないんだ」と答えた(「枕を高くして眠れない」を英訳できなかった)。これがグリーンランド語に訳されると、周りのおじさんたちはおーとかほーとか唸って、いきなり握手を求めてきた。「へえ、面白いね。もっと話そうよ」。つまり飲みに誘われているのだ〉。

酒は問題をうやむやにする、または先送りするだけでなんにも解決なんかしないという言説があり、わたしもふだんはそれを支持しているが、ちょっと自信がなくなってきた。もしかすると著者は、みずから泥酔することで人間関係のあらゆる緊張場面を円満に解決する特殊能力者であり、世界のどの国に行っても、能力者同士は目を見れば即座にわかりあうのかもしれない。もしそうであれば、能力者の暗躍により第三次世界大戦は回避されることになる。

こんな書き方をしていると著者が大ざっぱな、だらしない人物と思われかねないので、繊細な部分も指摘しておこう。

〈個人的に恋は1つの例外を除き(いやそれさえ、もしかすると)、すべて一方通行だが、夢はまれに双方向なときがある〉。

〈世界広しといえども、接合菌の雪腐はこれだけだ。地理的に隔離された南極は、氷河期に氷床に覆われ、生物種が激減したとされる。そこで生き残ったものや新たに侵入した生物が、雪腐へと独自に進化したのかもしれない。／そんなことを考えながら菌たちを飼っていると、自然と顔がにやついてしまう。しかし、周りの人にはこちらの頭の中は見えないので、どんなに楽しいことを考えているのかは決して伝わらず、ただドン引きされることが多い〉。

著者がいかにこまやかに他者の目を意識し、他者の気持ちを慮っているかがわかるだろう。また、この拙文の冒頭でちょっと触れたマシュマロみたいな酵母のかたまりを、見出しでは「雪見○福」とし、本文では「雪○大福」「雪見大○」などと表記をつぎつぎに変えたりもする。これはもちろん、ある特定の商品名が読者に誤解なく伝わるようにという思いやりであり、じつは著者はきわめて周到で、こまかい配慮のゆきとどく人物なのだとわかる。

エピローグで著者は、「おまえは研究者なんだからおもしろ冒険記を書いている場合じゃない、研究に打ち込め」(大意)という忠告をいろんな人から受けたことを記し、〈私は、ダーウィンほどの業績は望むべくもないが(もちろん謙遜だ)、研究の成果で著名となり、ちやほやされることを目指すべきなのだ〉と述べる。いやそりゃあそうなんですけど、それだけじゃ困るのである。そうしたまっとうな忠告は、あくまで「研究者・星野保」に向けられたものであり、そのかぎりで正しい意見なのだろう。しかし著者はすでに「作家・星野保」として立っているのだ。能力の高い作家が当然もつべき業績(おもしろ冒険記など)をひとつひとつ積み上げていくこともまた、社会に対する大きな貢献であり、著者の勲章であるはずなのだ。作家・星野保研究の第一人者としてこのことだけは強調しておきたい。さきほど引用した部分のあとで、著者は書く仕事への意欲もちゃんと表明しているからご安心を。

じつはわたしはいまだ著者と面識がない。社会的な立場もかけはなれているし(かたや大学の先生。こなた基本給も身分証もない日銭稼ぎ。ここ大相撲の行司の声色でおねがいします)、専門分野も遠いイメージだし(かたや理系の華、自然科学。こなた絶滅危惧種、現代詩。ここも行司で。←くどい)、いま住んでいる場所もとても遠いし、性別も異なる。こうして解説を書かせてもらえたのは、奇跡のマリアージュである。共通点といったら、同い年だということぐらいなのだ。参考までにちょっと書いておくが、著者とわたしの生年である1964年は、作家の当たり年である。順不同に思いつくまま挙げるが、吉本ばなな、堀江敏幸、西原理恵子、藤田和日郎、江國香織、ダン＝ブラウン、中島京子、楊逸、赤坂真理、岩井志麻子、まだほかにもたくさんいる。星野保はそのにぎやかなリストにぜひ加わるべき人である。雪腐病菌のことを知らない一般の人々にも「泥酔の人」として末長く記憶されてほしいと、わたしは強く願っているのである。

(詩人)

本書は二〇一五年一二月、岩波書店より岩波科学ライブラリーの一冊として刊行された。

さらに知識を深めたい読者のための文献紹介

菌類について

松本直幸『雪腐病』，北海道大学出版会，2013年

私の師匠がこれまでの雪腐病に関する知見をまとめた渾身の力作。これまでの私の文章を読んで，いろいろな意味で疑問に思った方はぜひご一読あれ。雪腐に関する疑問が氷解し，新たな地平にたどり着くこと必至。

国立科学博物館編『菌類のふしぎ ── 形とはたらきの驚異の多様性』(国立科学博物館叢書)，東海大学出版会，2008年
細矢剛『菌類の世界 ── きのこ・カビ・酵母の多様な生き方』(子供の科学★サイエンスブックス)，誠文堂新光社，2011年

この2冊は，図版や写真が多く，菌類の美しい形態・構造を堪能できるので，美意識があれば幼児でも楽しめる。添い寝して読み上げる方は大変かもしれないが，得られる知識は本の重みに比例している。

星野保『菌は語る ── ミクロの開拓者たちの生きざまと知性』，春秋社，2019年

著者待望の雪腐病菌ファンブック第2弾！　思いっきり力押しで世界中のさまざまな雪腐病菌とその生態を紹介している。ゆえに極めてマニアックな内容である。またコッソリ，菌類版『なんとなく、クリスタル』(田中康夫著，1981年)を目指し，大量の脚注をぶちこんでいる。

星野保『すごいぜ！菌類』，ちくまプリマー新書，2020 年

雪腐病菌ファンブックを離れ，不敵にも菌類全般を紹介し，その地位向上を試みた 1 冊。あざとく青少年受けを狙った書名だが，著者がリアルに残念なので，残念系の書名は断念した。前半はやや過去を反省した文章だが，後半はやはりはっちゃけている。中高年の更生がいかに困難かわかる一例である。

ノルウェー・北極について

中村都史子『静かなるノルウェー』(異文化を知る一冊)，三修社，1986 年

師匠からノルウェーに行く際にいただいた本。今では少し古いが，随所に静謐を愛す国民性が綴られており，状況はあまり変わらないと思う。ノルウェー人の他人との距離のとり方が私に合うので，私はこの国が好きなのだろう。

日下稜『高校生ひとり 白夜のグリーンランドを行く』，北海道地図，2004 年

イヌイットの今の暮らしと著者のプチ冒険がバランスよく書かれた本。また，グリーンランドが先進国であることもわかると思う。

田邊優貴子『すてきな地球の果て』，ポプラ社，2013 年

著者の数年前に，私も北極と南極のほぼ同じ場所で調査をおこなった。こうも感じたことが違うと，なにやら私の人間性を疑いたくなるくらい清々しい。著者の指導教員はあの極地研の工藤さんで，彼は著者のパシリとして南極に来たとうそぶいていたが，この本を読んで絶対嘘だと確信した。

ロシアについて

ヴェネディクト・エロフェーエフ著，安岡治子訳『酔どれ列車，モスクワ発ペトゥシキ行』，国書刊行会，1996 年

しらふで読むうちに，なぜか酔っているような感覚に襲われる。私が見てきた酔っ払いの人たちは，「つらいから飲む」という，こんな世界に生きていたのだろうか。もちろんソビエト時代は発禁書。

渡辺瑞枝『ファンタスティック・モスクワ留学』，第三書館，1998 年

私が調査を始めた時期と重なっているので，いちいち賛同することが多い。マイルドな表現で，ロシアの現状と日本人から見た理不尽さを知ることができる。

大場秀章『私のアルメニア覚え書き』，原人舎，2005 年

著名な植物学者による共同研究の記録。旧ソ連の研究者を記した本の中で，一番感じることが多かった。この本を読んで，私も自分の記録と記憶を綴ってみたいと思った。

南極について（48 次隊）

私が参加した第 48 次南極地域観測隊に関しては，以下の 3 冊の書籍が出版されている。

新井直樹『パパ，南極へ行く』，福音社，2009 年

著者は越冬隊・地学担当。子供でも手にとって読めるような平易な文章で，観測隊員に応募してから，昭和基地で越冬して帰るまでが過不足なく記述されている。いざ自分で原稿を書く

ために読み返すと，たいていのことがここに書かれていて困った事態となった。

小林千穂『南極，行っちゃいました。──極寒ほんわか日記』，日刊スポーツ出版社，2007 年

小林記者のブログをまとめた本。日本のリアル南極モノではかなりのチャラさを誇っているが，38 次隊の『不肖・宮嶋南極観測隊ニ同行ス』(宮嶋茂樹著，1998 年)という絶対に超えられない壁がある。

立松和平『南極で考えたこと』，春秋社，2007 年

立松氏は，48 次隊の滞在中に南極に訪れた VIP の 1 人。本書では，工藤さんと私がたぶん融合している。いずれも天パでヒゲを生やした中年男性なので，間違われるのも仕方がない。

南極について(その他)

国立極地研究所南極観測センター編『南極観測隊のしごと──観測隊員の選考から暮らしまで』(極地研ライブラリー)，成山堂書店，2014 年

いわゆる公式見解。それまでは個人的な見解しかなかったが，世間からの要望は高かったのだろう。観測隊に関わりたい方，必見。

国立極地研究所編『南極の科学 7　生物』，古今書院，1983 年

陸上から海洋まで，南極の生物を網羅した和書は今でもこれしかない。

西堀栄三郎『南極越冬記』，岩波新書，1958 年
　言わずと知れた初代越冬隊長の手記。ペンギンを犬の餌にするとか，今なら絶対やっちゃダメ！と後ろ指を差されるような内容もあり，時代の変化を感じさせる。

菌世界紀行——誰も知らないきのこを追って

2020年9月15日　第1刷発行

著　者　星野《ほしの》 保《たもつ》

発行者　岡本 厚

発行所　株式会社 岩波書店
〒101-8002 東京都千代田区一ツ橋2-5-5
案内 03-5210-4000　営業部 03-5210-4111
https://www.iwanami.co.jp/

印刷・精興社　製本・中永製本

ISBN 978-4-00-603322-4　Printed in Japan

岩波現代文庫創刊二〇年に際して

二一世紀が始まってからすでに二〇年が経とうとしています。この間のグローバル化の急激な進行は世界のあり方を大きく変えました。世界規模で経済や情報の結びつきが強まるとともに、国境を越えた人の移動は日常の光景となり、今やどこに住んでいても、私たちの暮らしは世界中の様々な出来事と無関係ではいられません。しかし、グローバル化の中で否応なくもたらされる「他者」との出会いや交流は、新たな文化や価値観だけではなく、摩擦や衝突、そしてしばしば憎悪までをも生み出しています。グローバル化にともなう副作用は、その恩恵を遥かにこえていると言わざるを得ません。

今私たちに求められているのは、国内、国外にかかわらず、異なる歴史や経験、文化を持つ「他者」と向き合い、よりよい関係を結び直してゆくための想像力、構想力ではないでしょうか。

新世紀の到来を目前にした二〇〇〇年一月に創刊された岩波現代文庫は、この二〇年を通して、哲学や歴史、経済、自然科学から、小説やエッセイ、ルポルタージュにいたるまで幅広いジャンルの書目を刊行してきました。一〇〇〇点を超える書目には、人類が直面してきた様々な課題と、試行錯誤の営みが刻まれています。読書を通した過去の「他者」との出会いから得られる知識や経験は、私たちがよりよい社会を作り上げてゆくために大きな示唆を与えてくれるはずです。

一冊の本が世界を変える大きな力を持つことを信じ、岩波現代文庫はこれからもさらなるラインナップの充実をめざしてゆきます。

（二〇二〇年一月）

岩波現代文庫［社会］

S317
全盲の弁護士　竹下義樹
小林照幸

視覚障害をものともせず、九度の挑戦を経て弁護士の夢をつかんだ男、竹下義樹。読む人の心を揺さぶる傑作ノンフィクション！

S318
一粒の柿の種
—科学と文化を語る—
渡辺政隆

身の回りを科学の目で見れば…。その何と楽しいことか！　文学や漫画を科学の目で楽しむコツを披露。科学教育や疑似科学にも一言。〈解説〉最相葉月

S319
聞き書　緒方貞子回顧録
野林健
納家政嗣 編

「人の命を助けること」、これに尽きます——。国連難民高等弁務官をつとめ、「人間の安全保障」を提起した緒方貞子。人生とともに、世界と日本を語る。〈解説〉中満泉

S320
「無罪」を見抜く
—裁判官・木谷明の生き方—
木谷明
山田隆司
嘉多山宗 聞き手・編

有罪率が高い日本の刑事裁判において、在職中いくつもの無罪判決を出し、その全てが確定した裁判官は、いかにして無罪を見抜いたのか。〈解説〉門野博

S321
聖路加病院　生と死の現場
早瀬圭一

医療と看護の原点を描いた『聖路加病院で働くということ』に、緩和ケア病棟での出会いと別れの新章を増補。〈解説〉山根基世

岩波現代文庫[社会]

S322

菌世界紀行

—誰も知らないきのこを追って—

星野保

大の男が這いつくばって、世界中の寒冷地にきのこを探す。雪の下でしたたかに生きる菌たちの生態とともに綴る、とっておきの〈菌道中〉。〈解説〉渡邊十絲子

2020.9